피터 아마이젠하우펜 아카이브
비밀의 동물 기록

호안 폰쿠베르타 / 페레 포르미게라

"존재하는 것은 가능한 것의 일부에 불과하다"

프랑수아 자코브(François Jacob)
병리학자, 유전학자
노벨 생리학·의학상 수상(1965년)

피터 아마이젠하우펜(Peter Ameisenhaufen) 박사
(1895~1955?)

# 차례

서문: 피터 아마이젠하우펜의 일생을 바친 연구   08

1. 솔레노글리파 폴리포디다 (Solenoglypha Polipodida)   18
2. 미코스트리움 불가리스 (Micostrium Vulgaris)   26
3. 트레스켈로니아 아티스 (Threschelonia Atis)   32
4. 아날레푸스 코미스케오스 (Analepus Commisceos)   38
5. 수스 스크로파 (Sus Scrofa)   44
6. 미오도리페라 콜루베르카우다 (Myodorifera Colubercauda)   46
7. 펠리스 페나투스 (Felis Pennatus)   52
8. 익티오카프라 아이로파기아 (Ictiocapra Aerofagia)   56
9. 켄타우루스 네안데르탈렌시스 (Centaurus Neanderthalensis)   60
10. 엘레파스 풀겐스 (Elephas Fulgens)   68
11. 선(善)의 위대한 수호자   70
12. 스콰티나 스콰티나 (Squatina Squatina)   76
13. 프세우도무렉스 스푸올레탈리스 (Pseudomurex Spuoletalis)   78
14. 테트라스테스 플루토니카 (Tetrastes Plutonica)   82
15. 알로펙스 스툴투스 (Alopex Stultus)   86
16. 피로파구스 카탈라나이 (Pirofagus Catalanae)   92
17. 폴리키페스 기간티스 (Pollicipes Gigantis)   100
18. 세르코피테쿠스 이카로코르누 (Cercopithecus Icarocornu)   104
19. 필루세르펜스 에닥스 (Piluserpens Edax)   110
20. 임프로비타스 부카페르타 (Improbitas Buccaperta)   112
21. 오비스 아리에스 (Ovis Aries)   118
22. 볼페르팅게르 바카분두스 (Wolpertinger Bacchabundus)   120
23. 페날링크스 인페루스 (Pennalynx Inferus)   124
24. 바실로사우루스 데 코크 (Basilosaurus de Koch)   126
25. 페로소무스 프세우도스켈루스 (Perosomus Pseudoscelus)   130
26. 아이로판트스 (Aerophants)   134

작가 소개   137

피터 아마이젠하우펜의
일생을 바친 연구

1980년 여름, 나는 친구 페레 포르미게라와 함께 영국 스코틀랜드 북부지방에서 휴가를 즐기고 있었다. 케이프 래스(Cape Wrath) 해안가의 오래된 민박집에 머물던 우리는 그곳 지하실에서 이상한 자료들을 발견했다.

폭우가 쏟아져 어디에도 갈 수 없었던 지루한 오후, 무슨 이유에서였는지 기억은 나지 않지만 우리는 홀린 듯 지하실로 내려갔다. 그 눅눅하고 냄새나는 지하실은 마치 숨겨진 보물의 세계로 우리를 초대하는 듯한 분위기를 자아냈고, 우리 호기심을 강하게 자극했다.

거미줄로 가득한 선반 위에는 독일어로 적힌 노트와 기록이 쌓여 있었다. 그리고 그 근처엔 사진 필름과 함께 누렇게 변색된 인쇄물, 해부 도구, 폼알데하이드 병 그리고 흉측한 박제 동물들이 여기저기 흩어져 있었다.

그 후 이틀 동안 맑은 날이 계속되었음에도 우리는 알리바바의 동굴 같은 그 신비한 지하실에서 떠나지 못했다. 볼수록 감탄이 나오는 사진과 기록들의 메시지를 해석하고 조합하는 과정이 마치 숨은 보물을 찾아가는 모험 같았기 때문이다.

우리는 그 자료들의 주인이 기형학 연구의 선두 주자이자 신다윈주의를 주장한 동물학자 피터 아마이젠하우펜 박사라는 사실을 알아냈다. 지하실은 피터 박사의 연구 결과물로 가득했지만, 침수로 인해 상당수 자료의 상태가 좋지 않았다. 그리고 우리는 자료들을 빠르게 복원하고 정리해 피터 박사가 이룬 연구의 모든 데이터를 학자들과 대중들에게 공개해야 할 어떤 의무감 같은 것을 느꼈다. 이후로 나와 페레는 피터 박사의 흩어진 자료와 그 동료들의 증언을 모아 박사의 전기를 재구성하는데 온 힘을 기울였다.

그 과정에서 슈투트가르트에서 만난 피터 박사의 여동생, 엘케 아마이젠하우펜 씨와의 인터뷰를 통해 유용한 정보를 얻어낼 수 있었다. 그녀는 80세가 넘었지만, 맑고 정확한 기억을 가지고 있었다.

그녀의 말에 따르면 피터 아마이젠하우펜은 1895년 뮌헨에서 태어났다. 아버지는 탐

빌헬름 아마이젠하우펜 (1900년 경)

험가이자 사냥꾼이며 사파리 가이드를 직업으로 삼았던 빌헬름 아마이젠하우펜(1860년 도르트문트 출생, 1914년 다르에스살람 사망)이었다. 그의 어머니 줄리아 할(1873년 더블린 출생, 1895년 뮌헨 사망)은 피아니스트이자 교사였고 뮌헨에서 피터 박사를 출산하던 중 사망했다. 빌헬름은 아내의 죽음에 크게 낙심해 아프리카로 긴 출장을 떠났고, 어린 피터는 빌헬름의 여동생인 마리아 고모와 도르트문트에서 유년기를 보냈다.

몇 년 뒤, 빌헬름은 당시 독일령 동아프리카의 정청(政廳) 소재지에 있는 다르에스살람 중앙병원의 간호사 엘제 하르티히와 재혼해 피터의 이복동생 엘케를 낳았다. 사람들은 둘의 새로운 출발을 축하했으나, 행복은 오래가지 않았고 이내 비극적 운명이 닥쳤다. 1900년 엘제가 자신이 길들이던 사자에게 물려 죽고, 10년 후에는 사냥꾼에게 공격당해 상처 입은 코끼리를 돕던 중 빌헬름도 사망했다. 넘어지는 코끼리의 몸통에 깔려 뇌출혈을 일으킨 것이 원인이었다.

피터는 어린 시절 학교생활에 충실한 조용한 소년이었다. 다만 부모의 죽음 때문인지, 가끔 동물에 대해 강한 흥미와 불안을 동시에 드러냈다. 여기서 분명한 것은 그가 아버지와 종종 방문하곤 했던 아프리카에서의 야생 생활 경험에 매료되었다는 점이다. 탐험과 책에 대한 열정이 남달랐던 피터는 지질학자이자 자연주의자인 알렉산더 폰 훔볼트나 고고학자이자 모험가인 인디아나 존스를 영웅으로 삼았다. 그의 서재는 쥘 베른과 허버트 조지 웰스가 쓴, (그 나이에 이울리

피터와 여동생 엘케 (1907년)

는) 모험소설뿐만 아니라 플리니우스, 파레, 라마르크, 베이츠, 다윈 같은 자연과학과 의학의 고전 도서들로 가득 차 있었다. 특히 앙브루아즈 파레의 《괴물과 경이에 대하여(Des monstres et prodiges)》(파리, 1585)의 초판본은 책장에서는 가장 중앙에 표지가 보이도록 장식해 두었다고 한다.

열여덟 살이 되던 해, 피터는 뮌헨의 루트비히 막시밀리안 응용과학대학교(현 뮌헨대학교)에 합격했다. 그는 대학에서 당시 가장 저명한 동물학자였던 콘라트 보겔스 박사의 지도 아래 의학과 생물학을 공부했고, 7년 후 두 분야 모두에서 박사 학위를 받았다. 대학 이사회는 전문 분야에 대한 그의 지식과 훌륭한 학문적 기여를 인정해 그를 대학 교수로 임용했다. 조용하지만 신비로운 성

아마이젠하우펜 교수의 아카이브 발견
(1980년)

아마이젠하우펜의 연구에 큰 영향을 준 16세기 동물학자 울리세 알드로반디의 《몬스트로룸 히스토리아(Monstrorum historia)》

격을 가진 피터 아마이젠하우펜 교수는 대학에서 교차, 돌연변이 및 기형의 유전 연구에 몰두했다.

그러던 중 1932년, 그는 대학교에서 불미스러운 일로 퇴출당했다. 일부 학생들의 말에 의하면, 당시 그가 연구하던 윤리적으로 금지된 연구, 즉 비밀스럽게 동물의 조직 및 장기 이식 수술을 하다가 발각됐다는 소문이 있었다고 했다. 이에 학계의 편협한 사고방식에 환멸을 느낀 피터 아마이젠하우펜 교수는 훗날 나치즘의 소용돌이를 예견이라도 한듯 미국으로 이민을 떠났다.

그는 소수의 협력자와 과학자들로 구성된 작은 팀을 꾸려 세계 오대륙을 여행했다. 이 팀에는 그의 조수인 생물학자이자 사진작가 한스 폰 쿠베르트도 있었다.

1932년, 피터 아마이젠하우펜의 삶에 또 다른 중요한 인물이 등장했다. 바로 헬렌(유족들이 성을 익명으로 하길 원함.)이다. 그녀는 스코틀랜드 출신의 영리한 소녀로, 피터 아마이젠하우펜이 평생 유일하게 사랑한 여자였다. 장거리 연애로 자주 만나기 어려웠지만 두 사람은 매우 열정적으로 사랑했다. 그녀와의 사랑이 활력소가 되었는지 1933년부터 1950년까지의 시기에 피터 교수의 과학적 활동이 가장 활발했다. 피터 박사의 업적인 거의 모든 희귀 동물 종의 발견이 이 시기에 이뤄졌다.

피터박사는 1949년부터 건강이 악화되기 시작했고, 이듬해 백혈병 진단을 받았다. 건

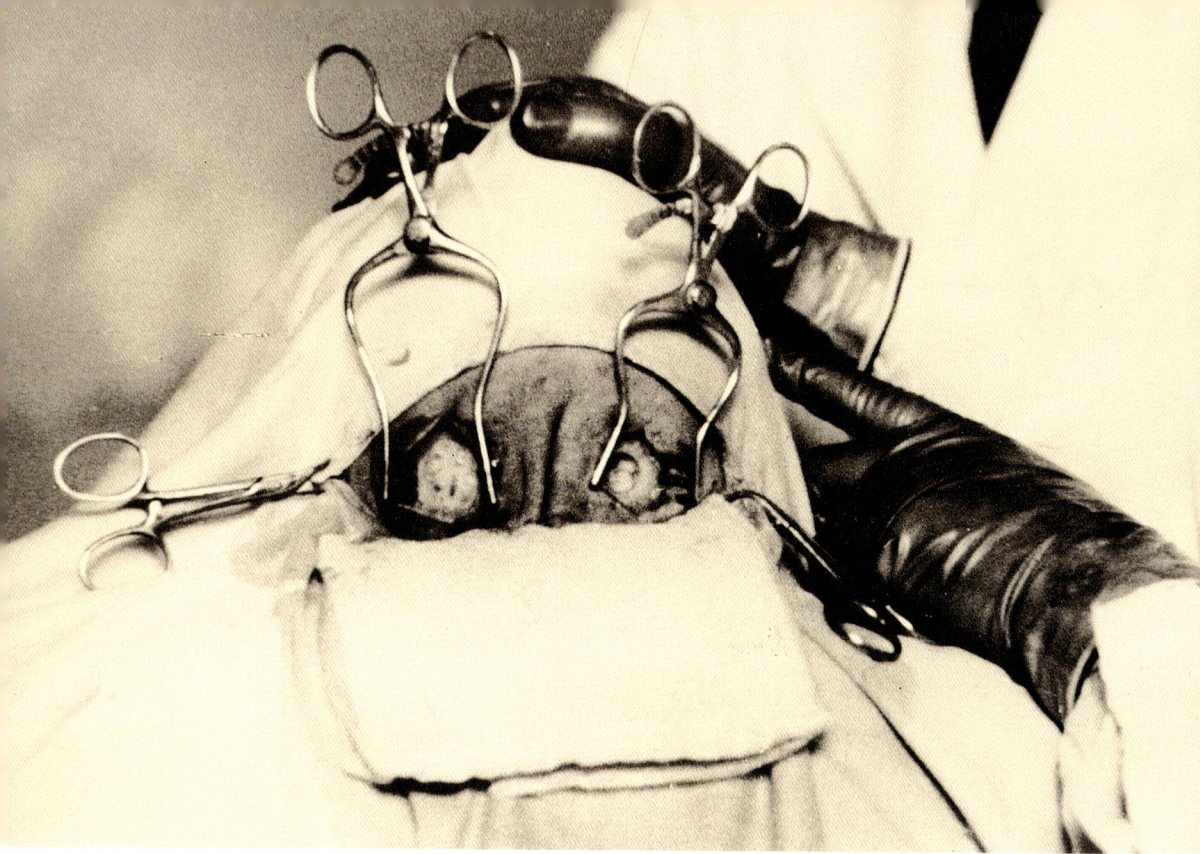

미확인 이식 수술

강을 위해 바쁜 연구 일정을 줄여야 한다는 사실을 깨달은 피터 박사는 헬렌과 함께 영국 글래스고 근처에 정착하기로 결정했다. 그리고 그의 삶의 마지막 다섯 해를 그곳에서 보냈다. 1955년 8월 7일, 피터 아마이젠하우펜은 혼자 스코틀랜드 북부를 여행하던 중 홀연히 사라져 버렸다. 그리고 3일 후, 그의 차가 인근 해안 절벽 위에서 발견됐다. 하지만 그의 시신은 발견되지 않았다. 따라서 그는 공식적으로 사망이 아닌 실종 선고를 받았다.

피터 박사는 '신동물학(Neue Zoologie)'이라는 거대한 작품을 유산으로 남겼고, 여기엔 대부분 이미 멸종된, 믿기 힘들 정도로 놀라운 동물상이 포함되어 있다. 아쉽게도 지금 이 책에 실린 것은 그 시각적, 서면적 기억의 작은 일부일 뿐이다. 많은 자료가 유실된 것으로 추측되지만 다행히 이 책에 남아 있는 사진과 문서들은 당시의 생생함을 그대로 보존하고 있다.

실제로 아마이젠하우펜이 수집한 장엄한 생물종 목록은 과학계에 많은 관심을 불러일으켰고, 여론은 놀라움을 금치 못했다. 그러나 그의 자료가 설득력이 있음에도 불구하고, 일부 분야에서는 조롱과 불신을 받기도 했다.

실제로 솔레노글리파 폴리포디다(Solenoglypha Polipodida) 같이 다리가 달린 뱀이 존재할 수 있을까?

익티오카프라 아이로파기아(Icticapra Aer-

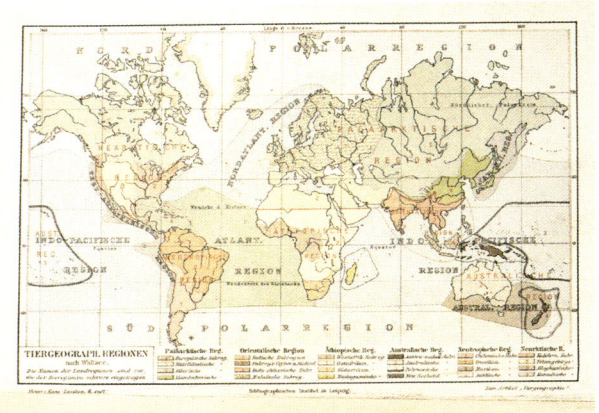

지도지질학적 분포(루트비히 막시밀리안 응용과학대학교)

ofagia) 같이 폐와 아가미 두 가지 호흡기 시스템을 사용하여 물 안과 바깥에서 숨을 쉬는 특이한 생물이 있을 수 있을까?

정말 세르코피테쿠스 이카로코르누(Cercopithecus Icarocornu)처럼 날개 달린 팔로 날아다니는 원숭이가 있을까?

어떤 새들이 트레스켈로니아 아티스(Threschelonia Atis)처럼 거북이 껍질 같은 피부를 통해 포식자로부터 자신을 보호했을까?

생물의 진화는 수많은 새로움과 놀라움을 낳는다. 그리고 이전까지는 알지 못해 부정하던 것을 알게 돼 놀라며 인정하는 것은 쉬운 일이다. 함부르크 동물원 소장 로렌츠 하겐벡은 다음과 같이 말했다.

"우리가 모르는 걸 부정하는 것은 과학적 관점에서 매우 오만한 생각이다. 대중에게 존경받는 계급의 학자들은 깨끗한 연구실에 편안히 앉아 '미지의 동물'에 대한 관찰은 환상이라고 주장한다. 하지만 나는 그 관찰이 단순한 환상이라고 생각하지 않는다. 오히려 지구에는 여전히 수많은 종의 거대하고 괴물 같은 미지의 동물들이 존재한다고 믿는다. 지구상에는 심해, 사막, 그리고 무성한 밀림 등과 같이 접근하기 어려운 지역들이 아직 많다. 따라서 이러한 미지 동물들의 존재 가능성은 높다."

시간이 지나면서 문서 자료가 제공하는 명백한 증거와 상반된 해석은 결국 그러한 의심과 의혹을 잠재웠지만, 수많은 수수께끼와 큰 정보 격차는 여전히 남아있다. 피터 아마이젠하우펜 교수의 아카이브가 발견된 지 40여 년이 지났고, 그 자료의 일부가 처음 공개된 지 35년 이상이 지났다. 우리 연구는 계속되고 있지만, 아직도 피터 아마이젠하우펜을 둘러싼 근본적인 미스터리를 풀지 못하고 있다.

침수로 인해 사라진 교수의 아카이브를 찾기 위해 많은 노력을 했지만, 결국 그러한 시도는 실패로 끝났다. 하지만 여기까지 오는데 일부 전문가들의 소중한 도움이 있었다. 몬트리올 진화 생물학 연구소의 아그네스 쿠멜라 박사는 그녀의 아버지이자 훌륭한 파충류학자인 앙투안 쿠멜라와 함께 아마이젠하우펜이 마다가스카르에서 이끈 원정에 참여했다. 쿠멜라 박사는 특히 제14권의 부록이

교수가 설계한 인공수정기
Jervik-7

루트비히 막시밀리안 응용과학대학교
캠퍼스에서 실시한 비대칭 교미 테스트

누락된 것을 아쉬워하며, 이 보고서에는 양서류와 소형 파충류의 난자에 대한 인공 수정 초기 실험 결과가 기술되어 있었을 것으로 추측했다.

아마이젠하우펜과 그의 연구팀은 수정란의 상실배, 분할세포와 줄기세포를 연구해 기형학에 선례 없는 기초를 마련했고, 오늘날 전 세계에서 이 기술을 인정하고 있다. 하지만 쿠멜라 박사는 그들이 '핵 이식(난자 세포의 핵을 추출해 성체 세포의 핵을 대체물로 이식하는 방법)' 실험에 성공했는지 여부는 명확하지 않다고 말했다. 그러나 이 유전자 기술이 세포 복제의 기초이며, 세계 최초로 체세포 복제를 통해 태어난 동물인 '돌리'를 만들어 명성을 얻은 에든버러의 로슬린 연구소가 아마이젠하우펜 연구소 그리고 그의 중요한 문서가 분실된 장소와 매우 가까운 곳에 있는 것은 의심스러운 우연의 일치일 뿐일까.

급진적 생태학자 호텐시오 베르데프라도는 다음 같은 음모론을 주장했다.

"아마이젠하우펜은 당시 크게 번성하던 몇몇 생명과학 기업들의 이익에 큰 장애물이 될 수 있었다. 이들 기업은 의료, 제약, 수의학은 물론 비밀 생물학 및 대량 살상 무기에 이르기까지 다양한 분야로 사업을 확장하고 있었다. 아마이젠하우펜 교수의 실종과 동시

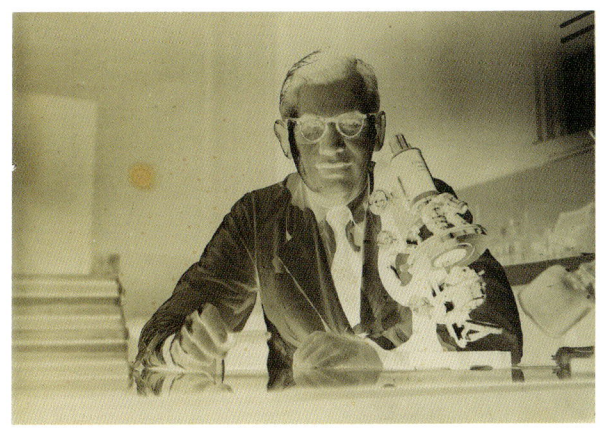

한스 폰 쿠베르트의 자화상
(유리판에 네거티브)

좌: 카멜레오 코르누투스(연구용 표본으로 사용된 새끼 도마뱀)
우: 자칼루푸스 에스테파리우스

에 일어난 저택의 화재, 한스 폰 쿠베르트와 다른 오래된 협력자들의 설명할 수 없는 침묵은 과연 무엇을 뜻하는 걸까?"

반면, 티베트 자치구 라사의 '초자연현상 연구국'에서 일하는 UFO 연구자 샹링 이 씨는, 서양 문화 특유의 서스펜스 드라마에 기반한 추측들을 인정하지 않으며, 아마이젠하우펜 박사가 우주 외계 생명체와 연락을 취했으며, 그들에게 납치되었다고 주장한다. 그러나 초자연적 현상이나 허구적 환상에 거의 관심없는 우리 사고 방식으로는 이 주장도 만족스럽지 않다.

우리는 진화론 법칙의 결함을 찾기 위해 지칠 줄 모르고 매진했던 한 과학자의 종말에 대한 답을 지금도 계속 찾고 있다. 그러나 괴물, 즉 시배직이고 예측가능한 진화론의 길에서 벗어난 매력적인 존재에 대한 호기심은 근본적으로 자연을 알고자 하는 노력으로 읽어야 한다.

피터 아마이젠하우펜 박사의 호기심은 지극히 정당한 것이 아니었을까? 대자연의 깊은 곳에서 추출된 그의 환상적이고 비밀스러운 동물 기록은 여기 이렇게 후손들에게 남아있다.

DOCUMENTS
아마이젠하우펜 박사의 기록

솔레노글리파 폴리포디다
Solenoglypha Polipodida

문: 척삭동물문
아문: 척추동물아문
강: 파충류

위치 정보: 인도 남부 타밀나두 주에 있는 낙엽림에서 발견되었다. G-16이라는 제보자는 송로버섯을 찾던 중 이 개체에게 공격당한 경험이 있다고 말했다. 관찰과 포획은 30일에 걸쳐 이루어졌으며, 이 기간 동안 다른 표본을 찾을 수 없었다. 포획 후 연구실에서 한동안 생존했고, 내부 연구를 위해 해부했다.

포획 일자: 1941년 4월 30일

특징: 내부는 뼈로 이루어진 내장 골격을 갖고 있으며 폐호흡을 한다. 척추동물의 전형적인 신경계를 갖고 있다. 생식 기관은 관측되지 않았으나 난생을 하며 성별이 구분되는 새로운 동물로 보인다. 포획한 샘플은 성체 수컷으로 예상되며 길이는 133cm이다.

형태: 파충류와 날 수 없는 조류가 결합된 형태다. 날개가 없지만 더 원시적인 진화 단계에서 날개를 가졌을 가능성이 있으며, 형태적 특성은 레이 박사의 '모볼크 유물 상태 동물 관찰기 21'에서 보고된 것과 일치한다. 따라서 현재 신동물학의 하위 분류 8단계에 해당한다.

습성: 매우 공격적이며 강한 독을 지니고 있다. 포식과 살육의 쾌락을 위해 먹이를 사냥한다. 12개 다리의 강한 근육과 특이한 공중 동작을 반복해 몸을 물결치듯 움직인다. 이 행동으로 인해 매우 규칙적이고 빠른 속도로 이동한다. 먹이를 만나면 정지 상태로 휘파람 같은 매우 높은 고음의 비명을 지르며 날카로운 독침을 날려 마비시킨다. 이 정지 상태는 먹이를 소화하기 위한 위액을 분비하는 데 필요한 시간 동안 유지되며, 먹이의 크기에 따라 2분에서 3시간까지 다양하다. 휘파람 비명 단계가 끝나면 마비된 먹잇감을 향해 달려들어 뒷목을 물어 즉사시킨다. 그 후 죽은 동물의 몸에 산도가 높은 위액을 토해 물질이 효과를 나타낼 때까지 기다린다. 이 과정에서 "크르륵-토" 하는 특유의 소리를 내며 먹잇감 주변을 원형으로 돌아다닌다. 이 소리는 3-정지-1의 박자로 진행된다. 일반적인 파충류와 달리, 솔레노글리파는 식사 후 휴식하지 않는다. 오직 배설 시간에만 일시적으로 멈춘다.

카탈로그 번호: 0058975FF

※ 카드의 필사본은 원본 원고의 형식을 그대로 사용함.

솔레노글리파 폴리포디다의
휘파람 비명 단계

Solenoglypha Polipodida

Cat: 0058975FT
Hauptstamm: Chordata   Stamm: Vertebrata   Klasse: Reptilia-Ratidae

Entdeckungsort: In einem Laubwald des Staates Tamil Nadu, Südindien, gefunden, mit Hilfe des Sentster G-16, der einen Anfall erlitt, als er Schildkröten suchte. Beobachtung und Fang des Tieres zogen sich über 30 Tage hin, in denen es unmöglich war, irgendein anderes Exemplar ausfindig zu machen. Es überlebte die Gefangenschaft, bis es mittels natürlicher Methoden umgebracht wurde, um seine innere Struktur untersuchen zu können.

Daten des Fanges: 30. April 1941.

Allgemeines: Knöchernes Innenskelett. Lungenatmung. Nervensystem der Chordata. Sein Fortpflanzungssystem konnte nicht beobachtet werden, aber alles deutet darauf hin, daß es sich durch Eier und mit Geschlechtspartner fortpflanzt. Das gefangene Exemplar ist ein erwachsenes Männchen von 132 cm Größe.

Morphologie: Das Tier entspricht einer Mischung aus Reptil und fliegendem Vogel. Obwohl ihm die Flügel fehlen, ist es gut möglich, daß seine Vorfahren über solche verfügen. Die morphologischen Eigenschaften stimmen vollkommen mit denen des Berichts 21 zur Familie der Fangzähne von Mobolk überein, welcher von der Verbindungsspinne De Rays überliefert wurde. Es gehört also zur Unterordnung 8 der heutigen Neuen Zoologie.

Gewohnheiten: Äußerst aggressiv und giftig; es jagt, um sich zu ernähren, aber auch aus reiner Lust am Töten. Es handelt sich um ein sehr flinkes Tier, das sich dank der kräftigen Muskulatur seiner zwölf Pfoten blitzschnell vorwärtsbewegt. Wenn es sich vor seiner Beute gegenübersieht, stößt es einen außergewöhnlich schrillen Pfiff aus. Dieser lähmt seinen Feind so lange, bis genügend Magensäfte abgesondert sind, um die Beute zu verdauen (was, je nach Größe des Opfers, zwischen 2 Minuten und 3 Stunden dauert). Nach der Pfiff-Phase stürzt sich die Solenoglypha schnell auf die gelähmte Beute und beißt sie in den Nacken, um den sofortigen Tod herbeizuführen. Danach spuckt sie einen Teil der Magensäfte auf das tote Opfer und wartet, bis diese hochgradig saure Flüssigkeit ihre ersten Wirkungen zeigt, während es sich im Kreis um die Beute bewegt. Dabei bringt es das typische Geflüster "Glob-to" hervor. Anders als die meisten bekannten Reptilien ruht sich die Solenoglypha nach dem Essen niemals aus. Im Gegenteil: Sie beginnt wie wild zu rennen und unterbricht diese Tätigkeit nur zum Zwecke der Darmentleerung.

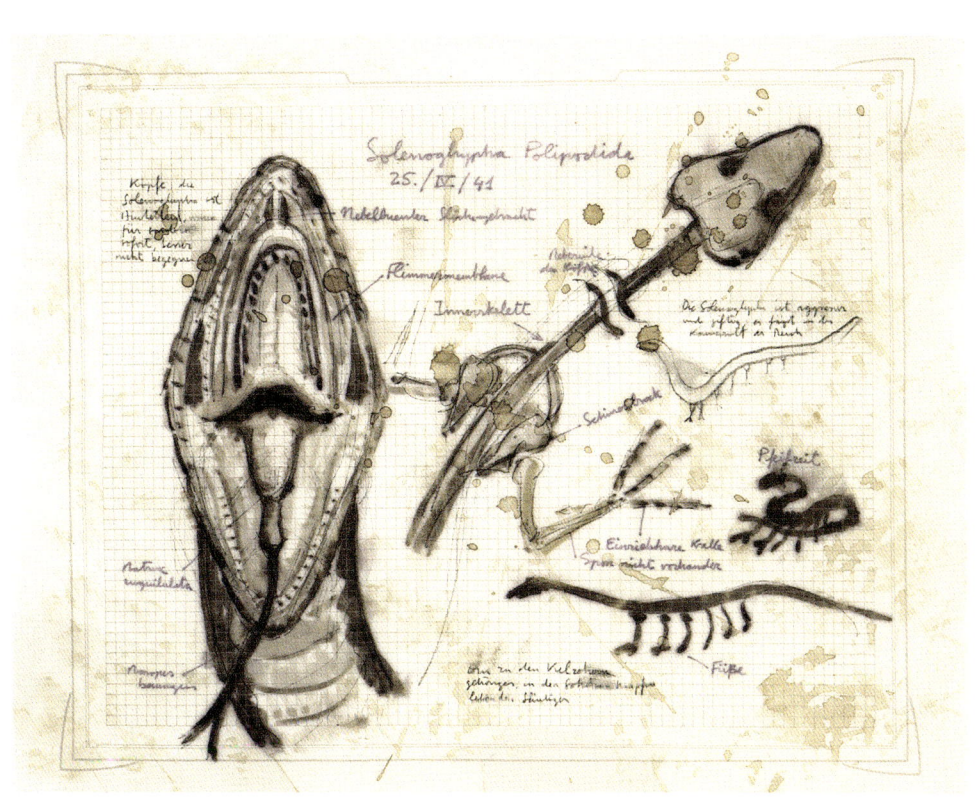

아마이젠하우펜 아카이브의 해부학 스케치

위: 공격 자세를 취하는 개체
아래: 탐험대 지도

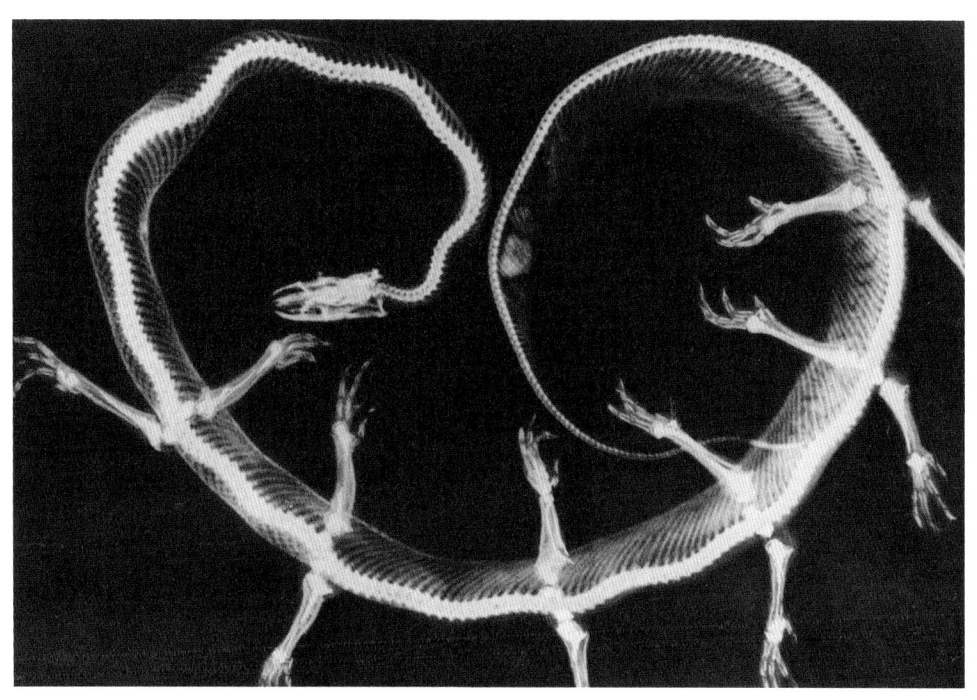

포획한 개체의 엑스레이 사진

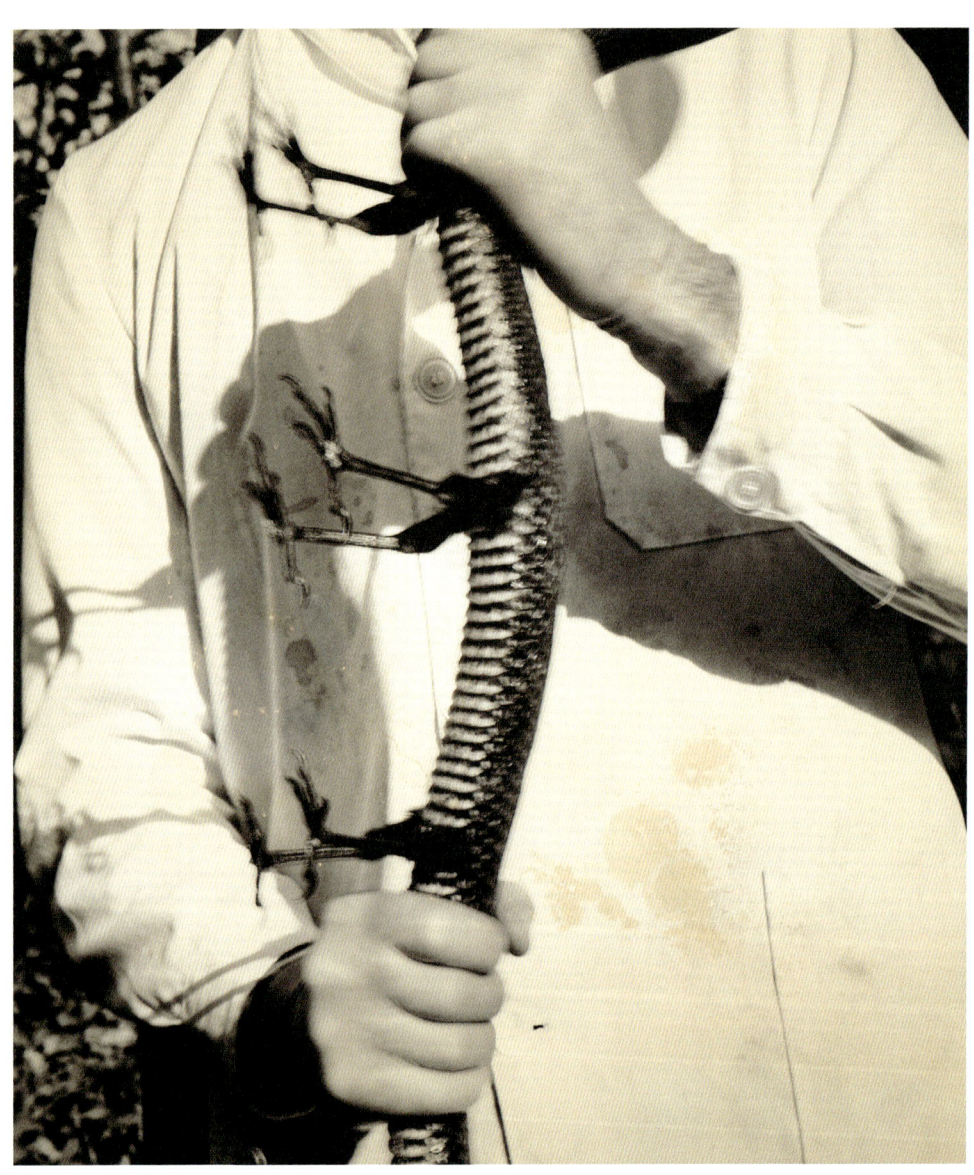

포획 당시의 모습

실험실에서 확인한
발(발톱 세부 묘사)

미코스트리움 불가리스
Micostrium Vulgaris

문: 척삭동물문
아문: 척추동물아문
강: 포유류

위치 정보: 영국령 시에라리온의 세와강 하구 근처 습지에서 발견되었다. DP-53이라는 정보 제공자가 27일 동안 약 10마리의 개체군을 관찰할 수 있었다. 촬영된 샘플은 성체 수컷이며, 사로잡힌 후 생존 기간은 3일 5시간이다.

포획 일자: 1938년 1월 11일

특징: 내골격과 조개 껍질 같은 패류의 전형적인 외부 보호층을 갖추고 있다. 폐와 아가미로 혼합호흡을 하며 심장은 1심방 2심실이다. 척추동물의 고유한 신경계, 암수 분열, 난생의 특징을 가지고 있다. 1년에 한 번 1개의 알로 번식한다. 관찰된 개체의 몸길이는 70cm에 달한다.

형태: 내부 형태는 척추동물과 복족류의 기묘한 조합을 이루고 있으며 신동물학의 하위 분류 15단계에 가깝다. 외부 형태는 '정보원의 책'에 보고된, 오나크와의 30번 대화에 실린 M-3 수륙양용 존재에 대한 묘사와 놀랍도록 흡사하다. 그러나 외골격에 관한 몇 가지 차이점, 그리고 변형된 2종 외부 감마선의 영향으로 인한 기형 가능성을 확인하는 것이 필요하다.

습성: 사교적인 동물로 6~30마리 정도의 다양한 개체가 군집해 서식한다. 사람과의 접촉을 거부하지 않고 애교를 부리며 장난을 잘 친다. 하지만 인간의 목소리 같은 큰 소리에 스트레스를 받으니 조용히 접근하는 것이 중요하다. 반(半) 수생 환경에 살며 놀라운 소화 능력을 가지고 있다. 주목할 것은 먹이인 물고기를 사냥하기 위해 무기(강가에서 볼 수 있는 튼튼한 나뭇가지)를 사용한다는 점이다.
구애 의식이 특히 흥미롭다. 수컷은 3일 동안 암컷을 쫓아다니며 구애하며 "크릴리아-클 룩" 하는 소리를 낸다. 암컷은 이에 빙글빙글 돌며 수직 도약으로 화답한다. 4일째 되는 날, 수컷보다 3배나 작은 암컷이 수컷의 껍질 안으로 완전히 들어가면 약 3초간 교미가 이루어진다. 이 짧은 시간 동안 수컷은 매우 강렬하고 희뿌연 푸른빛을 발산하기 때문에 쉽게 천적들의 표적이 된다. 이때 마치 종교의식처럼 늙은 개체는 어린 개체에게 맞아 죽임을 당하고 천적들의 손이 닿는 곳에 버려진다.

카탈로그 번호: 0646540FV

강에서 무기로 물고기를 공격하는 모습

Micostrium Vulgaris   Cat: 95R2052BR

~~Hauptstamm~~: Chordata   ~~Stamm~~: Vertebrata   Klasse: Mammalia

Entdeckungsort: In einem Sumpfgewässer bei der Mündung des Flusses Sewa (britischer Protektorat in Sierra Leone), durch die Verbindungspassus SP-53, der eine Kolonie von ca. 10 Individuen in einem Zeitraum von 27 Tagen beobachten konnte. Das fotografierte Exemplar, welches auch behalten wurde, ist ein erwachsenes Männchen. Es überlebte 3 Tage und 5 Stunden.

Datum des Fanges: 22. Januar 1958

Allgemeine Merkmale: Knöchernes Innenskelett, besitzt eine äussere Schutzhülle wie sie bei den Muscheln vorhanden ist. Gemischte Atmung (Lungen und Kiemen). Das Herz ist in eine Herzvorkammer und zwei Herzkammern unterteilt. Herwegsten der Wirbeltiere. Fortpflanzung durch Eier, mit Geschlechtstrennung. Man glaubt, dass es pro Jahr nur ein Ei legt. Die beobachteten Exemplare weisen eine maximale Grösse von 70 cm. auf.

Morphologie: Die innere Morphologie entspricht einer seltsamen Mischung von Wirbeltieren und Muscheln mit Eigenschaften, die das Tier mit der Unterordnung 15 der heutigen neuen Zoologie in Zusammenhang bringen lassen. Die äussere Morphologie erinnert sehr an die Beschreibungen anthypischer Lebewesen von M-3, die in der Unterhaltung Nr. 30 des Buches der Kontakte mit Omar K. dargestellt worden. Man muss aber einige wichtige Unterschiede des äusseren Skeletts überprüfen und auch die eventuellen Fehlbildungen, die durch Gammastrahlen (Variante 2; höchste Konzentration) äusserer Herkunft verursacht wären.

Gewohnheiten: Herdenweise lebendes Tier, lebt in Kolonien mit unterschiedlicher Anzahl von Individuen (6-30). Es ist extrem gesellig und weicht auch dem Kontakt mit Menschen nicht aus: es zeigt sich ihm gegenüber spielerisch und freundlich. Es wird nur dann böse, wenn es die menschliche Stimme hört, sodass man sich ihm also in vollkommener Geräuschlosigkeit nähern muss. Es besitzt auch ein hohes Mimikryvermögen in der Umgebung von Gewässern. Auszuzeichnen ist die Tatsache, dass es "Waffen" benutzt (normalerweise Stöcke oder sehr harte Zweige, die es am Flussufer findet und mit welchen er die Fische fängt, aus denen seine Nahrung besteht). Die Hochzeitsbalz ist besonders erwähnenswert. Das Männchen folgt dem Weibchen drei Tage lang nach, wobei es den typischen Ruf "Cuía-Cluc" hervorbringt. Darauf antwortet das Weibchen mit senkrechten und kreisförmigen Sprüngen um seine eigene Hauptachse. Am vierten Tag dringt das Weibchen (um das Dreifache kleiner als das Männchen) völlig in dessen ~~tetavue~~ Gehäuse ein, und dann erfolgt der eigentliche, ca. 3 sekundenlange Geschlechtsakt. In diesem kurzen Zeitraum strahlt das Gehäuse des Männchens blauweisse Strahlen von hoher Intensität aus, wodurch es zu einer leichten Beute für die Raubvögel wird. Die alten Individuen der Kolonie werden in der Regel von den jüngeren mit Stockschlägen ums Leben gebracht und den Raubtieren in einem geradezu magischen oder religiösen Ritual ausgesetzt. Man beobachtete keinen Fall von Antropophagie.

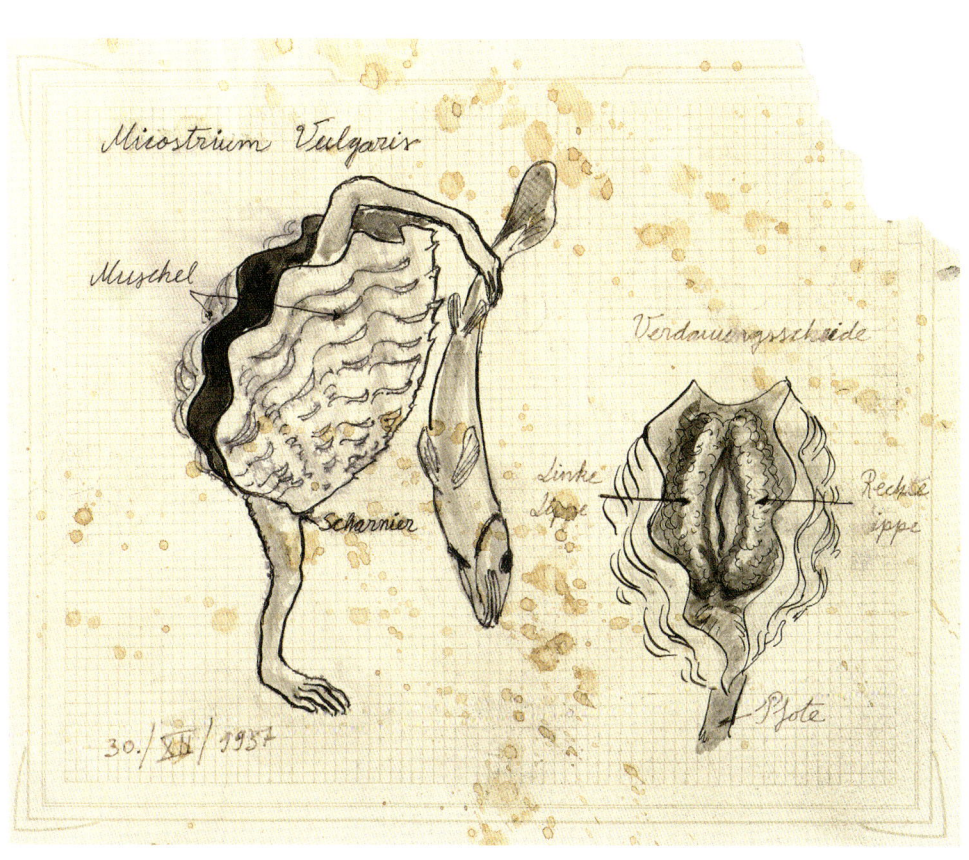

아마이젠하우펜 아카이브의 해부학적 스케치

위: 세와강 하구의 늪지에 서식하는
미코스트리움 불가리스
아래: 탐험 지도

아마이젠하우펜 교수와 놀고 있는 미코스트리움 불가리스

트레스켈로니아 아티스
Threschelonia Atis

문: 척삭동물문
아문: 척추동물아문
강: 거북가슴류

위치 정보: 에콰도르령 갈라파고스 제도의 헤노베사섬에 서식한다. 개체는 매우 흔하지만 위협을 느끼면 껍질 속으로 숨어버리기 때문에 관찰하기 어렵다. 이번 관찰은 원거리에서 조심스럽게 20일 동안 진행했다. 촬영된 표본은 마취총을 쏴 포획했고, 표본은 7일 동안 먹이를 거부하다 죽었다.

포획 일자: 1942년 6월 5일

특징: 내부 골격은 연골로 이루어져 있어 유연하고 매우 강하다. 폐호흡을 하며 외배엽 진화를 동반한 중추 신경계를 가지고 있다. 암수 분열을 통한 난생 번식을 하며, 연간 3개의 알을 낳는다. 평균 크기는 체고 50cm, 날개 길이 70cm이다.

형태: '정보원의 책' 14번 대화에서 언급된 표본 '벨그-2'와 매우 흡사한 외형을 지녔다. 혈액 분석 결과 의심할 여지 없이 218번 사진과 매우 가까운 변종으로 밝혀졌다. 이는 신동물학의 하위 분류 10단계에 해당한다.

습성: 트레스켈로니아는 헤노베사섬 원주민 방언으로 '헨고고(사라지는 자)'라고 불린다. 이 이름은 철새인 트레스켈로니아의 이동과 관련이 있다. 매년 9월, 매우 어두운 밤이 되면 트레스켈로니아 무리 전체가 훔볼트해류를 따라 바다로 날아간다. 최첨단 비행기조차 따라갈 수 없을 만큼 급상승해 비행하기 때문에 이동 경로를 추적하는 것은 불가능하다. 이들은 매년 9월에 사라졌다가 이듬해 5월 3일 즈음 다시 헤노베사섬으로 돌아온다.
적이 접근하기 매우 어려운 곳에 둥지를 짓고 하루 종일 숨어 지낸다. 3개의 알을 낳으면 가장 큰 것을 골라 부화시키고 나머지 2개는 먹는다. 산란기에 접어들면 밤낮으로 침묵하다 산란 직전 사흘 밤에만 "슈우잇… 슈우잇…" 하는 날카로운 울음소리를 낸다. 섬에서 체류하는 동안 죽은 개체는 발견하지 못했다. 그 때문에 이 동물이 죽음 직전 어떤 반응을 보이는지 알 수 없다.

카탈로그 번호: 06010VVV

노래하는 모습

Threschelonia Atis

Tat: 9812.52.

Hauptstamm: Chordata **Stamm:** Vertebrata **Klasse:** Testudinata - Carinata

Entdeckungsort: Ist auf der Insel Genovesa, im Galapagos-Archipel (Ecuador). Obwohl in großer Zahl vorhanden, liegt sich das Tier selten sehen und versteckt sich sofort in seinem Bau, sobald es die Gegenwart eines anderen Lebewesens ahnt. Die Beobachtung mußte aber von einer gewissen Entfernung aus erfolgen und zog sich 20 Tage lang hin. Das photographierte Exemplar wurde mit einem Schmachtl gefangen. Es starb nach 7 Tagen, in deren es sich weigerte, irgendwelche Nahrung zu sich zu nehmen.

Datum der Jagd: 5. Juli 1949.

Allgemeine Merkmale: Tier lebt aus Exemplaren, nicht zweifeln Bestand, der sehr widerstandsfähig ist. Lungenatmung. Episentrale Nervensysteme mit fünf Sternverzweigungen. Fortpflanzung durch Eier, mit Geschlechtstrennung. Es legt pro Jahr drei Eier. Durchschnittliche Maße: 50 cm groß und 40 cm lang.

Morphologie: Die morphologische Untersuchung des Threschelonia Atis setzt es in unmittelbaren Zusammenhang mit den Exemplaren, die von Telg-2 über die Fauna von "U der Tronen" in der Unterhaltung Nr. 14 des Buches der Kontakte erwähnt werden. Sein Wanderungsverhalten würde diese These unterstützen. Trotzdem führt uns die Blutuntersuchung zu dem unzweifelhaften Schluß, daß es sich um eine mit dem Blutschema 238 eng verwandte Variante handelt. Es würde also der Unterordnung 10 der heutigen Neuen Zoologie entsprechen.

Gewohnheiten: Das Threschelonia Atis ist im Dialekt der Eigeborenen unter dem Namen "Hengo-go" ("Der Verschwindende") bekannt. Dieser Name ist auf sein geheimnisvolles Zugtreiben zurückzuführen. Im September, immer in der dunkelsten Nacht des Monats, fliegt es hinauf in Richtung Meer, wobei es stets dem Humboldtstrom folgt. Sein Flug ist so schnell und steil, daß es unmöglich war, seinen Weg zu bestimmen. Tatsache ist, daß man dieses Tier in keiner anderen Region der Erde kennt; das Tier, das jeden September sozusagen verschwindet und am 3. Mai des folgenden Jahres zurückkehrt. Es baut sein Nest an nur schwer zu erreichenden Orten, wo es sich tagsüber versteckt hält. Von den drei Eiern brütet es nur das größte aus; die anderen beiden frißt es auf. Sein Gesang ist gellend und kann nur in den drei Nächten vor dem Eierlegen vernommen werden. Tagsüber und in den restlichen Nächten des Jahres, zumindest soweit es sich auf der Insel befindet, verhält sich das Threschelonia vollkommen lautlos. Der Gesang klingt folgendermaßen: "Xummm-it...... summm-it". Es war nicht möglich, das Ableben eines dieser Tiere während ihres Aufenthaltes auf der Insel zu beobachten, zu der nach der alljährlichen Wanderung nur die jungen Individuen zurückkehren. So bleibt ungeklärt, ob sich das Threschelonia Atis dem Tod gegenüber auf eine besondere und typische Art und Weise verhält.

아마이젠하우펜 아카이브의 스케치

위: 포획 순간
아래: 실험실에서 박제된 표본의 모습

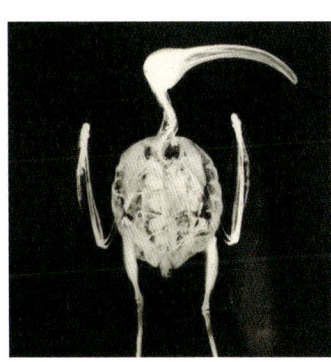

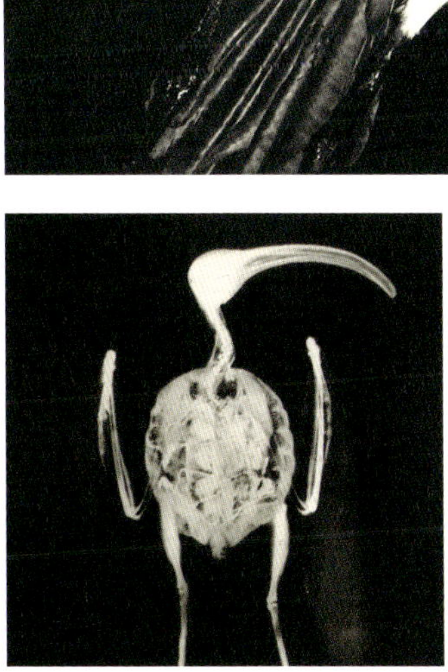

위: 포획 둘째 날
아래: 포획한 개체의 엑스레이 사진

아날레푸스 코미스케오스
Analepus Commisceos

문: 척삭동물문
아문: 척추동물아문
강: 조포유류

위치 정보: 미국 캘리포니아주의 모노 호수 기슭 근처에서 발견했다. 관찰한 개체는 외형이 다르지만 백조 무리와 평화롭게 공존하고 있었다. 온순하고 친근한 성격 덕분에 순조롭게 일주일만에 관찰을 끝냈다. 포획한 개체는 태그를 붙이고 풀어주었다.

관찰 기간: 1937년 6월 23~30일

특징: 내골격, 폐호흡, 평행곡선형의 신경계를 가지고 있다. 난생유성생식. 관찰된 개체는 어린 수컷이며 체고 40cm, 날개 길이 120cm이다.

형태: 수목 지대에 서식하는 오리의 일종으로 토끼과를 연상케 하는 다리를 가지고 있다. 1,000년 이상 전으로 거슬러 올라가는 이종교배에서 유래했을 것이라 추측한다. 이끼, 곰팡이를 먹이로 삼는다. 다리의 형태가 수중 환경에 맞지 않는 것처럼 보이지만 의외로 빠르고 민첩하게 헤엄친다. 현재 신동물학 분류체계의 하위분류군 2에 해당한다.

습성: 현존하는 것으로 추정되는 개체 수가 매우 적어 관찰하기 어려운 동물이다. 다행히 이 종의 전문가 '오스마리엔'과 그의 팀 덕분에 이 표본을 자세히 관찰할 수 있었다. 2m 이상 높이의 나무줄기 구멍에 서식하며 적의 접근을 막기 위해 표면이 매끄러운 나무를 선호한다. 넓은 숲이 우거진 곳 위주로 이동하며, 항상 호수 근처에 있다. 다리를 이용해 도약하며 나뭇가지에서 다른 나뭇가지로 빠르게 이동한다.
평소 숲속에서 먹이를 찾을 때 주로 점프해 옮겨 다니며 날개를 거의 사용하지 않는다. 하지만 날개는 매우 튼튼해서 장거리 비행에 적합해 보인다. 일반적인 오리와 울음소리가 거의 비슷해 특별히 눈에 띄지 않는다.
아날레푸스가 죽으면 '오스마리엔'은 그들이 둥지를 틀었던 나무 옆에서 엄숙한 장례식을 치러준다.

카탈로그 번호: 0072066-ZB

수목 서식지의 아날레푸스

Analepus Commisceos

Cat: 0072066-ZB

Hauptstamm: Chordata **Stamm**: Vertebrata **Klasse**: Avimammalia

Entdeckungsort: Es wurde nahe dem Mono Lake in Kalifornien entdeckt. Das beobachtete und photographierte Exemplar lebte friedlich mit einer Kolonie von Cygnus Olor, die ihn trotz der Unterschiede problemlos zu akzeptieren schienen. Wegen des freundlichen und zutraulichen Charakters des Analepus stellte sich die einwöchige Beobachtung als einfach heraus. Das Tier wurde beringt und wieder freigelassen.

Beobachtungszeitraum: 23. bis 30. Juni 1937.

Allgemeine Merkmale: Innenskelett Knochengerüst. Lungenatmung Nervensystem mit curvoparallelen Nervenenden. Fortpflanzung durch Eierlegen, getrenntgeschlechtlich. Das beobachtete Exemplar war ein männliches Jungtier, 40 cm hoch und 120 cm lang.

Morphologie: Es handelt sich um eine Art baumbewohnende Ente mit einer Fußform, die an die Leporiden erinnert. Wahrscheinlich ist das Tier das Ergebnis einer widernatürlichen Kreuzung, die wohl vor etwa 1000 Jahren stattfand. Die Ernährung besteht aus Moos und verschiedenen Pilzarten. Die Füße scheinen für ein Leben im Wasser nicht geeignet zu sein, doch schwimmt es mit Anmut und Schnelligkeit. Es ist der 2. Unterordnung der Neuen Zoologie zuzuordnen.

Gewohnheiten: Schwer zu sichtendes Tier wegen der wenigen noch lebenden Exemplare. Dieses Exemplar konnte nur Dank der Mitarbeit der Othmarien beobachtet werden, große Kenner dieser Spezies, die sie als Arbeitstiere und Transportmittel einsetzen. Der Analepus Commisceos wohnt in Baumlöchern in etwa zwei Metern Höhe. Normalerweise wählt er Bäume mit einem glatten Stamm, um seinen Feinden den Zugang zu erschweren. Er bevorzugt weite, waldreiche Gegenden in der Nähe eines Sees. Mittels seiner sprungstarken Füße springt er von Ast zu Ast mit grosser Geschwindigkeit. Bei diesen Ortswechseln, die er zur Nahrungsuche innerhalb des Waldes unternimmt, benutzt er praktisch nie die Flügel, obwohl diese auch sehr stark sind und für lange Flüge geeignet wären. Sein Gesang dient auch dazu, unerkannt zu bleiben, denn er imitiert den Gesang der gemeinen Graugans mit leichten Variationen in Tonhöhe und Rhythmus. Wenn ein Analepus stirbt, kümmert sich das Volk von Othmarien um das feierliche Begräbnis und das Tier wird neben dem Baum begraben, auf dem es sein Nest gebaut hatte.

아마이젠하우펜 아카이브의 스케치

42　아날레푸스가 사는 통나무의 구멍

모노 호수 기슭에 있는 아날레푸스

수스 스크로파
Sus Scrofa

운동 기능은 없고 오직 방어 기능만을 가진 다리가 등에 달린, 희귀한 변종 멧돼지의 어린 개체.
체코 보헤미아의 울창한 숲에서 목격됨.

미오도리페라 콜루베르카우다
Myodorifera Colubercauda

문: 척삭동물문
아문: 척추동물아문
강: 포유파충류

1942년 12월 6일 익명의 제보자가 보낸 정체불명의 표본이 내 손에 도착했다. 아이스박스 안에는 이 표본과 함께 나의 연구를 알고 있으며 돕고 싶다는 내용의 쪽지가 같이 들어있었다. 그는 표본의 자연 서식지에서 찍은 사진도 동봉했다. 하지만 안타깝게도 자신이 관찰한 동물의 습성에 관한 설명은 없었다. 2주 뒤, 나는 살아있는 표본을 찾기 위해 사우스다코타로 떠났고 두 달에 걸친 수색 기간동안 아무런 성과도 거두지 못했다.

특징: 내골격, 폐호흡, 척추동물의 전형적인 신경계를 가지고 있다. 꼬리부터 직장까지의 부분은 신체 나머지 부분과 독립된 기능을 가지고 있는데, 소화 기능은 공유한다. 태생 유성생식. 포획한 표본은 성체 수컷으로 체고 35cm, 길이 40cm 이다.

형태: 설치류와 파충류의 조합이며, 꼬리에 해당하는 파충류 부분은 휴식할 때만 땅에 내려놓는다. 겉으로 보기에는 솔레노글리파 폴리포디다의 경우처럼 모볼크에서 비롯된 것일 수 있지만, 보고서를 쓴 레이 박사는 이를 확인하지 않은 것 같다. 현재 신동물학 분류체계의 하위분류군 8단계에 해당하는 것으로 보인다.

카탈로그 번호: 0937HK77-4J5

뒤를 보호하는 데 사용되는
파충류 꼬리 부분

Myodorifera Colubercauda   Cat: OB7 HK77-4JS

Hauptstamm: Chordata   *Stamm:* Vertebrata   *Klasse:* Mammalia-Reptilae

Dieses Exemplar erhielt ich am 6. Dezember 1942 von einem anonymen Korrespondenten. Besagter unbekannter Herr schickte es mir in einer tiefgekühlten Kiste. Im gleichen Paket lag ein kurzer Brief, in dem er behauptete, meine Forschungstätigkeit zu kennen und mir dabei, auch aus er sich ungenannten Gründen nicht zu erkennen geben möchte, behilflich sein wollte. Er behauptete ferne, daß das Tier am Ufer des Flusses Moreau, Süddakota (U.S.A.) entdeckt worden war und man es am 25. November desselben Jahres gefangen hatte. Er sandte auch noch Negative von Photographien des Tieres in seinem natürlichen Wohngebiet mit. Leider gab er keine Auskunft über die Beobachtung des Tieres und seiner Gewohnheiten.

Nach zwei Wochen fuhr ich selber nach Süddakota, in der Hoffnung, ein lebendes Exemplar zu finden, aber meine Suche, der ich zwei Monate widmete, blieb erfolglos.

Allgemeine Merkmale: Knöchernes Innenskelett. Lungenatmung. Neuernsystem der Wirbeltiere. Der Teil Reptil-Schwanz übernimmt alle Funktionen, mit Ausnahme der Verdauung, die geteilt ist. Lebendgebärendes Fortpflanzungsystem mit Geschlechtstrennung. Das gefangene Exemplar ist ein erwachsenes Männchen, 35 cm groß und 40 cm lang.

Morphologie: Es entspricht einer Mischung von Raubtier und Reptil, obwohl es scheint, daß der Teil des Reptils sich normalerweise in der Luft befindet und nur dann die Erde berühren würde, wenn es ausruhen möchte. Allem Anschein nach dürfte es Molock entstammen, wie die Solenoglypha Polipodida, aber die Verbindungsperson von Dr. Ray kann oder will dieses nicht bestätigen. Wie es auch immer sei, gehört es wahrscheinlich der Unterordnung 8 der Heutigen Neuen Zoologie.

위: 위에서 본 미오도리페라 콜루베르카우다
아래: 추격하는 모습

연구실의 미오도리페라 콜루베르카우다

펠리스 페나투스
Felis Pennatus

문: 척삭동물문
아문: 척추동물아문
강: 조류포유류

위치 정보: 모로코 아틀라스산맥 제벨 투브칼산의 한 동굴에서 나의 사촌 디터가 발견한 뼈들이다. 이 동굴은 해발 2,357미터 높이에 위치하고 있어 사실상 접근이 불가능하다. 디터는 발견한 모든 뼈를 모아 1932년 3월 18일 내게 전달했다.

관찰: 골격을 재현한 결과, 큰 날개를 가진 암컷 고양이과 성체로 판명되었다. 외관상 높은 고도에서 비행하기 적합한 거대한 날개가 달린 사자처럼 보인다. 몸을 덮고 있던 털은 그 지역의 낮은 온도를 견딜 수 있게 길고 짙은 색이었을 가능성이 높다. 치아 구조상 육식 동물이다. 이 개체에 대해 공동 연구자들과 상의한 뒤, 나는 큰 진전이 없다는 것을 깨달았다. 아무도 이 수수께끼를 밝힐 수 있는 작은 단서 하나 내놓지 못했다. 오직 '압드 엘 카르' 교수만이 펠리스 페나투스가 18세기 '에스파르스티오의 동물 도감'에 기록된 동물과 유사하다고 말해주었다. 그 동물 도감의 묘사는 너무나 터무니없어 현실성이 부족하지만 여기서 말하는 '압드라살라'라는 동물과 이 개체의 유골이 일부 일치할 가능성은 있다. 나는 이 책의 긴급 열람 허가를 받아야 한다. 현재로서는 새로운 자료가 나오기 전까지 이 동물을 신동물학에 수록된 어떤 그룹에도 분류하지 않을 예정이다.

카탈로그 번호: AS-6662QW

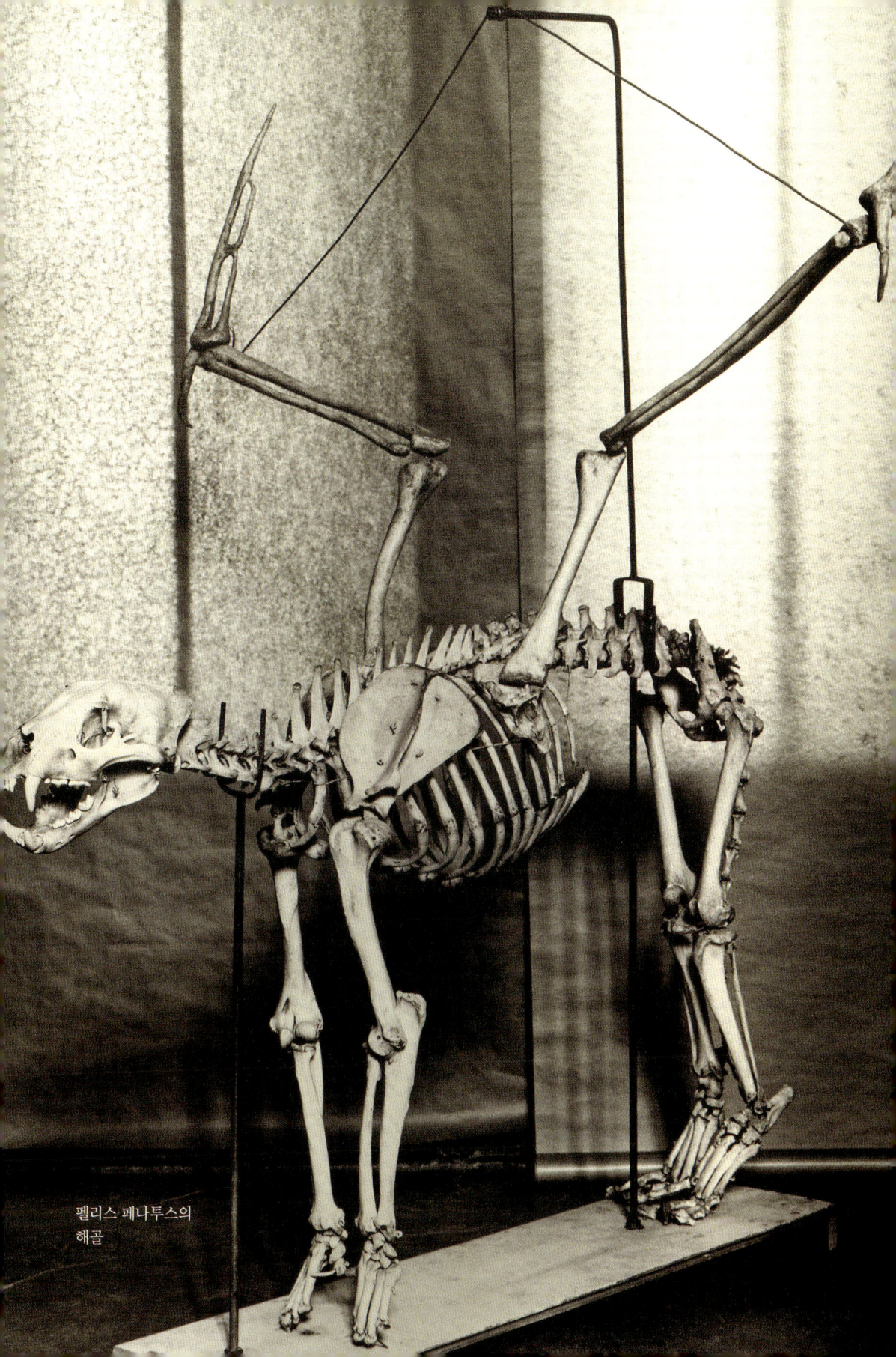

펠리스 페나투스의
해골

Felis Pennatus

Hauptstamm: Chordata   **Stamm:** Vertebrata   **Klasse:** Mammalia

Entdeckungsort: Mein Vetter Dieter fand Skelettreste in einer Höhle auf dem Berg bei [...] im Jahre [...] Mar (Mexiko). Diese befand sich an einer besonders unzugänglichen Stelle und auf einer Höhe von 2854 Metern. Dieter sammelte sorgfältig alle Knochen auf, die er finden konnte und übergab sie mir am 28. März 1962 zur Begutachtung. Das rekonstruierte Skelett zeigt ein großes, geflügeltes, ausgewachsenes Tier weiblichen Geschlechts. Sein Aussehen könnte stark dem einer Löwin ähneln, denn die Schwingen sie zum Flug in große Höhen befähigt. Sein Fell muß lang und dicht gewesen sein, um den niedrigen Temperaturen dieser Zone zu trotzen. Das Gebiß deutet auf einen Fleischfresser hin.

Nachdem ich meine Mitarbeiter konsultiert habe, merke ich, daß ich auf der Stelle trete. Keiner von ihnen hat mir auch nur einen einzigen Hinweis geben können, der etwas Licht in dieses Rätsel hätte bringen können. Nur Professor Abd-el-Kahr wies mich auf die Ähnlichkeit zwischen dem Felis Pennatus und einem in den zoologischen Abhandlungen von Caspar dem Älteren im 18. Jahrhundert beschriebenen Tier hin. Die Beschreibung ist jedoch viel zu phantastisch, um glaubhaft zu sein. Die gefundenen Reste könnten aber doch mit seinem "Uboch-[...]" übereinstimmen. Ich werde sehen, ob ich schnell eine Sondergenehmigung zum Konsultieren dieses Buches erhalte. In Erwartung neuer Informationen möchte ich in diesem Moment noch keine Klassifizierung in eine der Gruppen der Neuen Zoologie vornehmen.

펠리스 페나투스의 해골(루트비히 막시밀리안 대학박물관의 컬렉션)

익티오카프라 아이로파기아
Ictiocapra Aerofagia

물 밖으로 나오려는 익티오카프라

아마이젠하우펜 아카이브의 해부학 스케치

서식지에 있는 익티오카프라 표본

켄타우루스 네안데르탈렌시스
Centaurus Neanderthalensis

문: 척삭동물문
아문: 척추동물아문
강: 호모하빌리스
사피엔스강

위치 정보: 음바라라 지역(우간다의 영국 식민지)에서 발견했다. 나는 어느 연구법의 이론을 입증하고 싶어 Aaru-1의 도움을 받아 이사했다. Aaru-1과 한스, 그리고 나는 일주일 동안 한 쌍의 켄타우루스 네안데르탈렌시스에게 환대를 받았다. 연구하고 사진을 찍은 다음, 이 표본은 과학을 위해 아낌없이 자신의 몸을 희생했다.

의견: 신동물학의 맥락에서 이 종을 분류하기는 매우 어렵다. 사실 나는 아직도 켄타우루스 네안데르탈렌시스를 어떻게 간주해야 할지 모르겠다. 반(半)인류나 살아있는 전설로 여겨야 할지, 아니면 단순한 동물학적 표본으로 보아야 할지. 아마 그의 외모가 그리스신화에 등장하는 켄타우로스와 닮지 않았다면 우연한 돌연변이라고 생각했을 것이다. 하지만 전날 부검한 이 생명체는 믿을 수 없게도 두개골 용적이 1,105㎤에 달하고, 학습과 의사소통에 놀라운 능력을 가진 성체였다. 만약 이 동물의 전두엽 부분만 생각한다면, 나는 지금쯤 그 유명한 '잃어버린 고리'의 놀라운 발견에 대해 글을 쓰고 있을 것이다.
비록 정확한 발음은 아니지만 그가 내 이름을 부르는 음성 녹음을 들을 때 나는 매우 불편한 기분이 든다.

카탈로그 번호: ZQ46541WS

켄타우루스의 손을 검사하는 아마이젠하우펜 교수

Centaurus Neandertalensis

Reg. Summ: Chordata   Stamm: Vertebrata   Klasse: ...

Entdeckungsort: Im Gebiet von Albarira in der britischen Kolonie Uganda wohin der wo ich mich mit Hilfe von Aarn-1 hinbegab, um aus rein theoretischem ... einiger meiner Hypothesen ... wollte. Aarn-1, Hoku und ich genossen eine Woche lang die Gastfreundschaft zweier C.N. Das untersuchte und photographierte Exemplar stellte seinen Körper großzügigerweise der Wissenschaft zur Verfügung.

Beobachtungen: Eine Klassifizierung innerhalb der Neuen Zoologie erweist sich als sehr schwierig. Ich bin eigentlich noch nicht sicher, ob der C.N. als Semi-Hominid oder als lebender Mythos (?) zu betrachten ist, oder einfach eine Gruppe innerhalb des ... reichs darstellt. Wenn seine Form nicht so genau den griechischen Mythen widerspiegeln würde, könnte es sich um eine zufällige Mutation handeln. Das Wesen, an dem ich vorgestern eine Autopsie durchgeführt habe, war ausgewachsen und hatte ein Gehirngewicht von 1.305 Gramm und war, was noch erstaunlicher ist, unglaublich form- und kommunikationsfähig. Wenn es möglich wäre, lediglich seine vordere, obere Körperhälfte zu betrachten, würde ich jetzt sicherlich über die großartige Entdeckung des fehlenden "missing link" berichten. Jedes Mal, wenn ich die Tonbandaufnahme von seiner Stimme höre, wie es meinen Namen, wenn auch unter großen

Schwierigkeiten, ausspricht, überfällt mich ein kalter Schaudern.

[remainder of page crossed out and illegible]

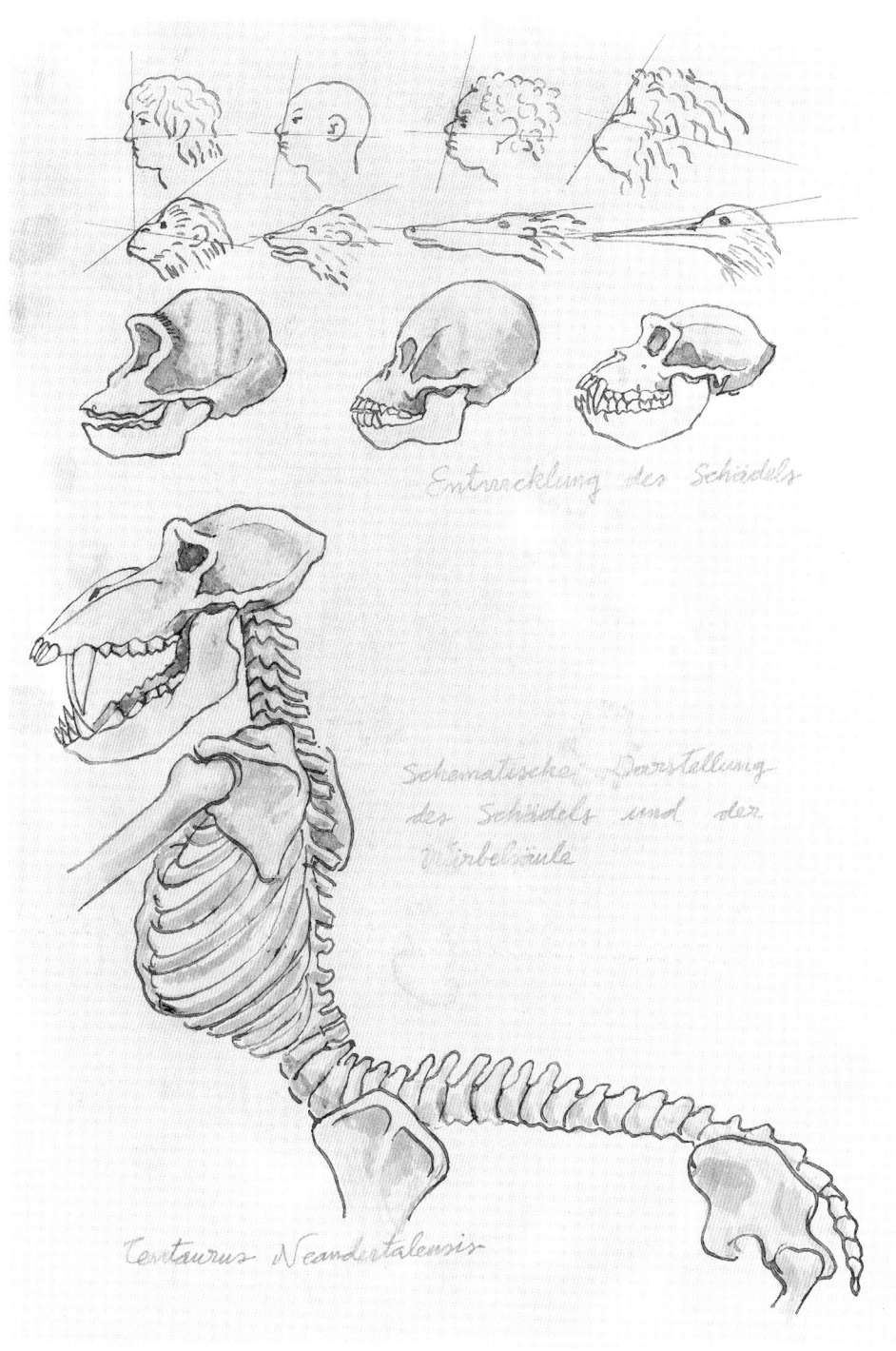

아마이젠하우펜 아카이브의 해부학 스케치: 두개골과 척추 그림

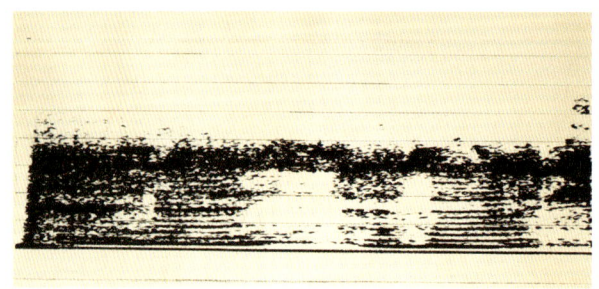

위: Aaru-1과 소통하는 켄타우루스
아래: 켄타우루스의 목소리 소노그램

66 아마이젠하우펜 교수와 켄타우루스가 대화하는 모습

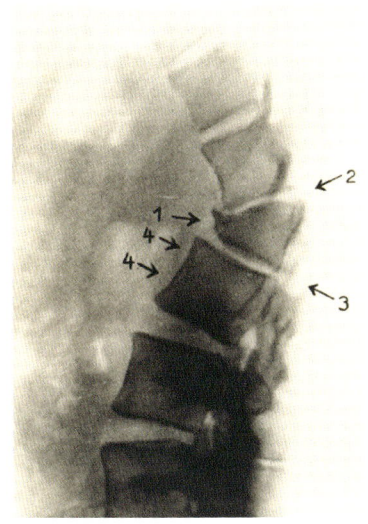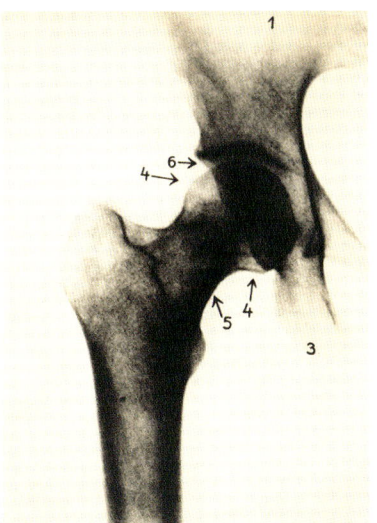

켄타우루스의 엑스레이(척추 및 대퇴골)

장작을 모으는 켄타우루스

엘레파스 풀겐스
Elephas Fulgens

68 분노로 인해 빛나고 있는 엘레파스

분노로 인한 '발광'의 마지막 단계

휴식 중인 엘레파스

선(善)의 위대한 수호자

1933년 9월, 프랑스 몽펠리에.
일주일 전 내 친구 '가스통 드 라코뉴'가 자신의 집에 나와 한스를 초대했다. 우리를 만나자마자 그는 아무 말도 하지 않고 모두를 트럭 뒤에 태우고 어딘가로 달려갔다. 침묵한 채로 수 킬로미터를 지나왔을 때, 나는 이 이상한 여행에 대해 질문 할 수밖에 없었다.

"저는 여러분이 무엇을 연구하고 있는지 알고 있으며, 여러분에게 특별한 것을 볼 수 있는 기회를 드리려고 해요. 아시다시피 저는 15세기 카타로-앨버니지 고문서 연구에 수년 동안 매달려 왔어요. 작년에 저는 매우 비밀스러운 구절을 해독했는데, 100년마다 '선(善)한 자들의 위대한 수호자'가 5시간 동안 이 땅에 나타난다는 내용이었어요. 그리고 지금 우리가 가는 곳이 바로 그 장소입니다."

사실 12~13세기 유럽에서 위세를 떨친 그리스도교 이단 카타리파 연구자들 사이에선 그들 중 일부가 이 세상의 모든 선(善)이 담겨 있다고 여기는 신비로운 상자를 숭배했다는게 꽤 잘 알려져 있었다. 드디어 트럭이 멈추고, 가스통의 따라오라는 신호에 따라 울창한 소나무 숲으로 내려갔다. 나는 그에게 여기가 어디인지 물었다.

"몽펠리에와 툴루즈 중간이에요. 믿기 어렵다는 건 알지만, 저를 믿어주세요. 더 자세히 말할 수는 없어요. 아까 말했듯이 카타리파는 몽펠리에와 코마루가 사이에서 매우 활발하게 활동해왔어요."

그는 계속해서 말했다.

"그런데 1233년 교황청에서 카타리파에 대한 파괴적인 법령을 발표하자, 그 신도들은 이 숲의 특정한 장소에 관을 숨겨야 하는 의무를 지게 되었죠. 제가 해독한 암호에 따르면, 위대한 수호자는 1,000년 동안 그 관을 보호하겠다고 약속했어요. 그리고 제 결론이 틀리지 않았다면 100년마다 그 놀라운 존재가 그 자리에 나타나 전망을 살피고 관을 열지 말지 결정

사라지기 직전의 위대한 수호자

할 겁니다. 그가 관을 열기로 결정하는 날, 다시 말해 선량함이 온 세상에 흩뿌려져 필연적이고 절대적인 선이 가능해질 겁니다."

숲속의 작은 공터에 멈춘 우리는 갑작스러운 폭발로 바닥에 쓰러졌다. 다행히 한스는 가능한 한 많은 사진을 찍었다. 그러나 사진을 보면 이걸 동물학 연구에 포함시킬 수 없을 것 같다. 동물의 모습에도 불구하고 나는 그게 무엇인지, 과연 내가 무엇을 본 것인지 아직 모르겠다. 그러나 확실한 점은 내가 그걸 보았다는 것이다.

나는 내 연구 작업의 과학적 본질을 위반했다는 것을 깨달았다. 이것이 동물학적 기록이 아니라는 사실도 안다. 얼마 전 내 친구 전 가스통 드 라코뉴가 사망했다. 그리고 나는 지금 미래에 내 글을 읽을 사람들을 위해 위대한 수호자가 2233년까지 100년마다 계속 나타날 것이라 쓰고 있다. 만일 관이 열린 후에는 너무 늦을 것이다.

동굴 속 위대한 수호자

영토를 탐험하는 위대한 수호자

격렬히 움직이는 위대한 수호자

스쾃티나 스쾃티나
Squatina Squatina

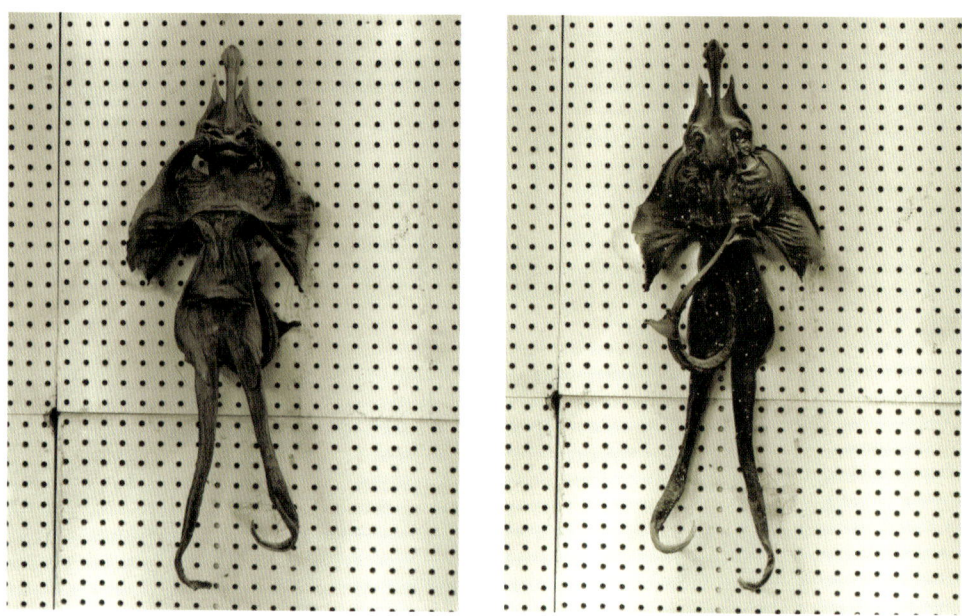

동일 표본의 앞면과 뒷면

프세우도무렉스 스푸올레탈리스
Pseudomurex Spuoletalis

문: 연체동물문
강: 복족류

위치 정보: 마다가스카르 해안 두 지점에서 우연히 발견했다. 이 개체의 관찰에 일주일이 소요되었으며, 이 기간동안 별다른 어려움 없이 연구할 수 있었다. 껍데기를 완전히 버리고 햇빛에 민감한 부위를 노출해 자살을 시도하는 특성 탓에 두 차례 시도 했음에도 생포할 수 없었다.

관찰 기간: 1943년 11월 3~10일

특징: 개체의 몸이 직사광선에 노출되면 빠르게 불타버려 자세히 연구하기 힘들었다. 그러나 자웅동체, 폐호흡, 개방형 순환계 및 연체동물의 전형적인 신경계를 가지고 있다는 것은 확실하다. 관찰된 개체들의 크기는 10~15cm 정도다.

형태: 촉수 끝에 구강이 달린 형태는 '아리샤 네히'가 내게 설명해 준 수중 동물과 유사하다. 그러나 이 경우는 육상 동물이기 때문에 다음 회의 때 언급하겠다. 어쨌든 그것은 현재 신동물학의 하위분류 3단계에 속한다.

습성: 바위 개미를 먹이로 삼으며 식욕이 왕성하다. 개미 같은 곤충의 침을 피하기 위해서 독성 강한 단백질 점액을 분비해 먹잇감에게 정확히 뱉어낸다. 이 점액은 곤충을 몇 초 안에 완전히 녹이는데, 프세우도무렉스는 발 촉수를 통해 피부로 영양분을 흡수한다.
이 동물은 천천히 측면으로 이동하며 선명한 붉은색의 특이한 자국을 남기는데, 이는 배설물 배출을 촉진하는 소화 분비물의 흔적이다. 사람에게는 들리지 않지만 초음파 진동을 발생시켜 먹이를 유인한다. 암컷은 이틀에 한 번 산란하며 모래 속에 알을 묻어 습한 환경을 유지하고 천적인 대형 마다가스카르 게의 공격을 피한다.

카탈로그 번호: 10666MNJ2b

바위에 터널을 파고 완전히 위장하는
프세우도무렉스

Pseudomurex Spuoletalis Cat: 106664NJ2b
Hauptstamm: Mollusca   Klasse: Gasteropoda

Entdeckungsort: Ganz zufällig an zwei Stellen der madagassischen Küste entdeckt. Die Beobachtungszeit betrug eine Woche, während der keinerlei Schwierigkeiten auftraten. Bei zwei Gelegenheiten wurde versucht, das Tier zu fangen und beide Male beging es Suizid nach der Methode, aus der Schale zu kriechen und den äußerst lichtempfindlichen Körper dem Tageslicht auszusetzen.
Beobachtungszeitraum: 3. bis 10. November 1943.
Allgemeine Merkmale: Das schnelle Verbrennen des Körpers beim Einwirken von Tageslicht hat ein tiefergehendes Studium des Tieres verhindert. Es kann aber behauptet werden, daß es einen normalen Hermaphroditismus besitzt, Lungenatmung, offenen Blutkreislauf und ein den Weichtieren eigenes Nervensystem. Die beobachteten Exemplare maßen zwischen 10 und 15 cm.
Morphologie: Sein ausgeprägter Tentakelfuß mit indigo Mundöffnung erinnert an die von Arisha Nebl beschriebenen submarinen Spezies, es handelt sich hierbei jedoch um eine landlebende Art. Ich muß ihn bei unserem nächsten Treffen konsultieren. In jedem Fall gehört sie der 3. Unterordnung der Neuen Zoologie an.

Gewohnheiten: Der Pseudomurex Spuoletalis vertilgt Ameisen, die er zwischen den Felsen findet. Er ist sehr gefräßig. Um sich vor den Bissen der Ameisen und anderer Insekten zu schützen, sekretiert er eine Art höchsttoxische proteinhaltige Speichelflüssigkeit, die er mit großer Treffsicherheit auf die Beute spuckt. Die Flüssigkeit löst diese in wenigen Sekunden auf, und der Pseudomurex kann sie auf dem Wege der Hautabsorption mittels seiner Tentakelfüßer wieder aufnehmen. Er bewegt sich langsam und seitwärts. Dabei hinterläßt er eine tiefrote Spur aus einem Sekret, das die Absonderung von Exkrementen erleichtert und anhand dessen das Tier leicht aufzuspüren ist. Die Auswölbte der Schale benutzt er, um Ultraschallwellen zu erzeugen, die für den Menschen nicht wahrnehmbar sind, aber Beutetiere anlocken. Er legt jeden zweiten Tag Eier und vergräbt sie am Strand in Wassernähe, um sie frisch zu halten und vor dem madagassischen Riesenkrebs, der vermutlich sein schlimmster Feind ist, zu schützen.

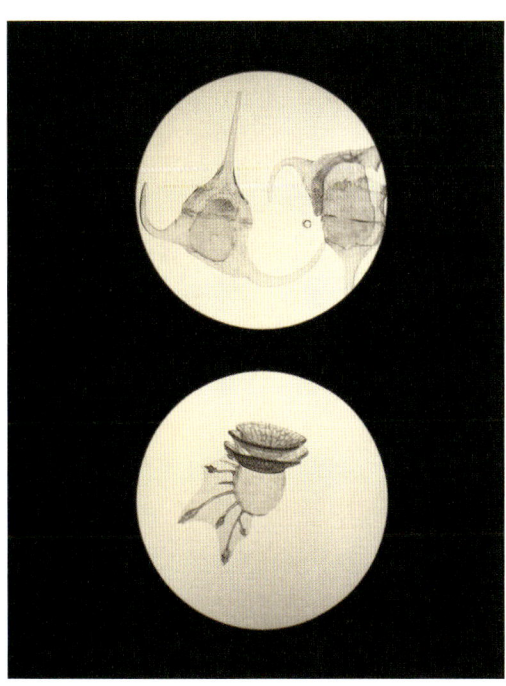

위: 단백질 점액을 배출하는 모습
아래: 현미경으로 본 점액(두 가지 미확인 요소)

81

테트라스테스 플루토니카
Tetrastes Plutonica

자연환경에서 위장 능력이 뛰어난 테트라스테스

냄새를 맡는 모습

인기척에 놀란 테트라스테스가 겁에 질려 재빨리 도망치는 모습

알로펙스 스툴투스
Alopex Stultus

문: 척삭동물문
아문: 척추동물아문
강: 포유류

위치 정보: 이 개체는 시베리아 동부의 타이가 지역 몇 곳에서 모스크바 대학의 N 박사 연구팀에 의해 발견되었다.

이 이상한 동물은 다른 지역에는 잘 알려지지 않았지만 타이가 지역에 고립된 주민들에게는 매우 섬세한 맛의 고기로 인기가 있다. 포획이 간단한 편이라 원주민들은 기회가 되면 자주 사냥한다. 나 역시 포획 과정이 매우 쉬웠으며, 붙잡은 개체는 5주 동안 행동을 관찰한 후 실험실에서 해부했다.

포획 일자: 1940년 9월 12일

특징: 내골격, 폐호흡, 척추동물의 전형적인 신경계, 유성생식. 포획한 표본은 몸길이 163cm, 체고 61cm의 어린 암컷이다.

형태: 특이한 유형을 지닌 북극여우의 매우 이상한 진화 단계. 머리 부분은 다량의 납이 함유된 단단한 층으로 이루어져 있다. 마치 방사선으로부터 자신을 보호하기 위한 헬멧을 쓴 것 같다. 그래서 가이거 계수기를 이용하면 쉽게 이들을 감지할 수 있다. 이 동물은 아직 신동물학 그룹에 포함시키지 않았다. 특수한 경우로 간주해 고유한 하위 유형을 부여해야 할 것 같다.

습성: 초식동물로 사람에게 공격적이지 않고 겁이 많은 편이다. 적의 접근을 감지하면 작은 덤불 근처를 찾아 땅에 구멍을 파고 머리를 집어넣은 후 나머지 몸을 수직으로 세워 덤불처럼 위장한다. 그러나 안타깝게도 그 위장 결과는 특별히 뛰어나지 않아 사람들은 대개 이 시점에 이들을 포획한다.

 7~8마리씩 무리를 지어 살며 일부다처제에 새끼들에게 큰 애정을 쏟는다. 괴상한 외모에도 불구하고 균형 감각에 문제가 없으며 시속 25km까지 달릴 수 있다. 무리 중 한 개체가 죽으면 나머지 개체들은 밤새도록 지켜보다 다음 날 죽은 장소를 떠난다. 특징적인 울음소리는 관찰되지 않았다.

카탈로그 번호: ADH5290B5

조심스럽게 접근하는 자세

Alopex Stultus   Cat: ADH529085
Hauptstamm: Chordata   Stamm: Vertebrata   Klasse: Mammaterstudinata

Entdeckungsort: An mehreren Stellen der sibirischen Taiga dank der
Hinweise des Herrn Dr. N. der Moskauer Universität entdeckt. Offensichtlich
ist diese seltene Spezies, die im Rest der Welt unbekannt geblieben
ist, den abgeschieden lebenden Menschen der Taiga sehr geläufig.
Sie schätzen das Fleisch (es schmeckt delikat) und jagen es deshalb,
wann immer sie Gelegenheit dazu haben. Beobachtung und Fang stellten
sich als extrem leicht heraus. Das gefangengenommene Exemplar wurde
nach fünfwöchiger Laborbeobachtung der Wissenschaft geopfert.
Datum des Fanges: 12. September 1940.
Allgemeine Merkmale: Innenskelett, Knochengerüst, Lungenatmung, Nervensystem
Säugetiere, lebendgebärend und zweigeschlechtlich. Das gefangene Exemplar
ist ein weibliches Jungtier, 163 cm lang und 61 cm hoch.
Beschreibung: Seltener Abkömmling einer Fuchsart, deren Kopf mit
einem stark bleihaltigen Pelz behelmt ist, als ob sie sich vor
einer Strahlung schützen müsste. Das Tier lässt sich leicht mit einem
Lasso einfangen. Es wurde bisher noch nicht in eine Ordnung der
Wesen eingereiht klassifiziert. Möglicherweise muss es als Sonderfall
angesehen werden und eine spezielle Unterordnung erhalten.

Gewohnheiten: Er ist ein völlig harmloser, gar nicht mutiger
Pflanzenfresser. Wenn er die Nähe eines Feindes ausmacht, stellt
er sich ganz nahe an einen Strauch der Art Antislepsis Reticulo-
spinosus, gräbt ein Loch in den Boden und steckt den Kopf hinein,
sodass der gesamte Körper vertikal heraussschaut, in dem Versuch,
eine Mimesis mit dem Strauch einzugehen. Leider ist das Resultat
nicht sehr befriedigend und Raubtiere und Mensch können das Tier
so leicht fangen. Es lebt in Kleingruppen zu je sieben oder acht
Individuen, ist polygam und entwickelt eine grosse Sorgfalt in der
Brutpflege. Entgegen dem Rüsschen hat es keinerlei Gleichgewichtsprobleme
und misst sich in spielerischen Wettrennen, bei denen es eine Geschwin-
digkeit bis zu 25 km/Std. erreicht. Wenn es einem Tier gelingt, an
Altersschwäche zu sterben, wachen die restlichen Mitglieder der Sippe
die ganze Nacht und am nächsten Morgen verlassen sie
es dort, wo es gestorben ist. Man kennt keinen ihm charakteristischen
Schrei oder Geräusch.

아마이젠하우펜 아카이브의 스케치

먹이를 찾는 알로펙스

적에게 쫓길 때 취하는 위장 자세

피로파구스 카탈라나이
Pirofagus Catalanae

문: 척삭동물문
아문: 척추동물아문
강: 파충류

위치 정보: 이탈리아 시칠리아섬에서 발견했으며, 치아렐리 박사가 주최한 동물학 콘퍼런스 때 보고되었다. 그는 시칠리아 농부들의 전설에 대해 언급하며 16세기에 카탈루냐 침략자들이 버린 용이 여전히 에트나 화산 근처에 살아있다고 주장했다. 나는 세심한 조사 결과 그 동물이 전설이 아니라는 것을 입증했다. 전설 속 그 동물은 실제로 존재했다. 2주 동안 세 마리의 표본을 관찰할 수 있었지만 유감스럽게도 포획하는 것은 불가능했다.

관찰 기간: 1930년 6월 6~20일

특징: 실험실에서 표본을 연구할 기회가 없었기 때문에 내부 형태에 대한 자세한 사항은 알 수 없다. 하지만 피로파구스의 외형적 특징은 파충류에 속하며, 코모도섬의 왕도마뱀과 직접적으로 관련이 있는 것으로 보인다. 어쨌든 이 동물에겐 독특한 두 가지 특징이 있다. 하나는 크고 튼튼한 등지느러미를 가지고 있다는 것이며 다른 하나는 독특한 화재 흡입 및 배출 시스템으로, 호흡할 때마다 불과 연소가스를 내뿜어낸다는 것이다. 마치 불을 먹고 다시 토하는 것처럼 보이는데, 이는 아마도 내부 소화기관에서 가스를 생성하기 때문인 것 같다. 관찰된 표본의 크기는 다양하며 길이는 150~380cm이다. 현재 신동물학의 하위분류 5단계에 해당한다.

습성: 매우 공격적이고 위험한 동물로 빠르고 갑작스러운 움직임이 특징이다. 진화 과정에서 불을 내뿜는 능력에 대한 통제력을 상실한 것으로 보이며, 이 때문에 혼란스러워하는 듯하다. 개체가 입으로 내뿜는 대부분의 불꽃이 다시 입으로 흡입되기 때문에 입천장과 잇몸을 태워 이로 인해 힘들어한다. 극한 상황에서 불꽃에 대한 통제력을 완전히 상실하면 가까운 강으로 달려가 잠수하여 허겁지겁 불을 끈다. 잡식성이며 음식을 먹기 전에 불을 내뿜어 익힌다. 무리를 지어 생활하며 보통 낮에는 무기력하고 해가 진 후엔 매우 활동적이다. 새끼에 대한 특별한 애정이나 동료의 죽음에 특이하게 반응하는지는 관찰하지 못했다.

카탈로그 번호: 3852AT81r

피로파구스의 불꽃 배출 후 흡입 단계

Pirofagus Catalanae Cat: 3852 AT 81 R
~~Hauptstamm~~: Chordata   Stamm: Vertebrata   Klasse: Reptilia

Entdeckungsort: Entdeckt auf der Insel Sizilien (Italien) während einer touristischen Rundfahrt nach der Teilnahme an einem Kongress unter Leitung von ~~Herrn~~ Dr. Chiarelli. Der Wissenschaftler hatte mir von einer Legende berichtet, die sich die sizilianischen Bauern erzählen, wonach ein furchterregender Drache, den die katalanischen Eroberer im 16. Jhdt zurückgelassen hatten, noch immer in der Nähe des Ätna leben sollte. Nach intensiven Forschungen, konnte ich beweisen, dass es sich nicht um einen Mythos handelte. Er existiert wirklich. Im Laufe von zwei Wochen konnte ich drei Exemplare beobachten. Leider erwies es sich als unmöglich, eines davon zu fangen.

Beobachtungszeitraum: Zwischen dem 6. und dem 20. Juni 1930

Allgemeine Merkmale: Obschon es keinerlei Gelegenheit gab, ein Exemplar im Laboratorium zu studieren, und wir deshalb keine morphologischen Aussagen über sein Inneres machen können, ist zu vermuten, dass der Pirofagus Catalanae zu der Familie der grossen Saurier gehört und mit dem Drachen der Insel Komodo nahe verwandt zu sein scheint. Zwei differenzierende Merkmale sprechen jedenfalls für ein einzigartiges Lebewesen: die grosse starre Rückenflosse und das seltsame Feuerspeien - Feuerschlucken, höchstwahrscheinlich das Ergebnis einer Entwicklung von Verdauungsgasen, die sich an der Luft selbst entzünden. Zwischen den drei beobachteten Tieren gab es starke Grössenunterschiede. Die Höhe betrug beim ersten 150 cm, beim zweiten etwa 275 cm und beim dritten sogar 380 cm. Sie sind der Unterordnung 5 der Neuen Zoologie zuzurechnen.

Gewohnheiten: Wir stehen vor einem äusserst aggressiven und gefährlichen Tier. Seine Bewegungen sind schnell und nicht vorherzusehen. In diesem Entwicklungsstadium ist wohl eine Konzentrationsschwäche dominant, denn er scheint die Beherrschung des Feuerspeiens verloren zu haben. Einen ~~grossen~~ Teil des ausgespieenen Feuers schluckt er während des Einatmens wieder ~~hinunter~~, was ihm wohl sehr unangenehm ist, da er nach dem typischen Fauchen beim Feuerspeien ein seltsames Geräusch mit der Zunge verursacht, das auf ein Unbehagen hindeutet, wenn er sich Zahnfleisch und Gaumen verbrennt. Bei Extremsituationen äusserster Unkontrolle des Feuerspeiens läuft er zum nächsten Fluss oder Teich, wo er hineintaucht, um das Feuer zu löschen. Er ist ein Allesfresser, der die Nahrung vor dem Verzehr brät. Allen Beobachtungen nach scheint er ein Herdentier zu sein, ohne Vorliebe für das Alleinsein. Tagsüber beherrscht ihn eine gewisse Apathie, in den Abendstunden wird er sehr aktiv. Unbekannt sind seine Gewohnheiten bei der Brutpflege (sie wurde nie gesichtet), und wir wissen nicht, ob er auf irgendeine charakteristische Weise auf den Tod eines Artgenossen reagiert.

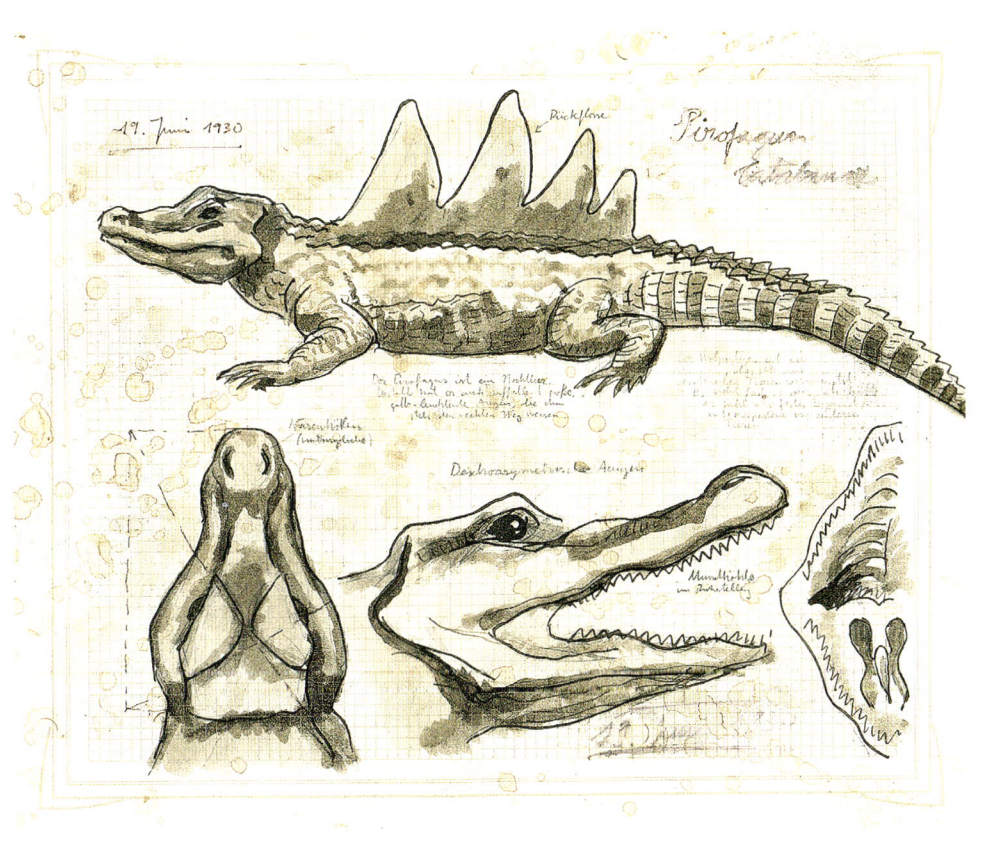

아마이젠하우펜 아카이브의 스케치

에트나 화산 분화구 옆에 있는 모습

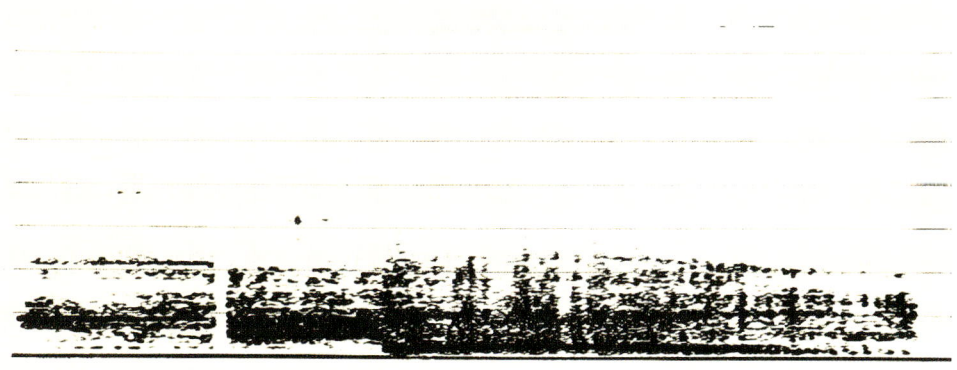

위: 불을 끄기 위해 강으로 뛰어드는 모습
아래: 울음소리 소노그램

위: 불을 끄기 위해 강으로 향하는 모습
아래: 탐험 지도

새끼와 함께 있는 어미

폴리키페스 기간티스
Pollicipes Gigantis

포식자로부터 자신을 방어하는 폴리키페스

아마이젠하우펜 아카이브의 스케치

턱의 움직임과 알고리즘을 찍은 모습

위: 변태. 유충 상태
아래: 산호 바위 서식지

세르코피테쿠스 이카로코르누
Cercopithecus Icarocornu

문: 척삭동물문
아문: 척추동물아문
강: 포유류

위치 정보: 아마존의 니갈라-테보족을 연구하던 인류학자 에드슨 넬리뉴 박사의 도움으로 브라질 아마존 열대우림에서 발견했다. 넬리뉴 박사, 조수 한스와 함께 12일 동안 니갈라-테보족과 함께 생활하며 이 특별한 동물의 행동을 관찰했다.

관찰 기간: 1944년 2월 28일~3월 11일

특징 및 형태: 긴꼬리원숭이의 한 종류로 큰 날개를 갖고 있으며 주로 날아다닌다. 외관상 포유류의 형태와 완벽하게 일치하며 조류의 형태와는 무관해 보인다. 하지만 원주민들의 엄중한 감시 때문에 이 동물을 철저하게 조사할 수 없었다. 그나마 관찰한 점은 잡식성이며, 길고 강한 뿔로 곤충이나 작은 동물 등을 비행 중에 사냥한다는 걸 관찰한 게 전부다. 현재 신동물학의 하위분류 6단계에 해당한다.

습성: 니갈라-테보 원주민에겐 신성한 동물로 여겨지며, 아즈란(하늘에서 온 자)의 환생을 상징한다. 원주민 주술사만이 접근 가능한 오두막에서 암컷이 새끼를 낳고 기른다. 새끼들은 비행 능력을 완벽하게 갖출 때까지 오두막 안에서 생활한다. 이때 부족은 세르코피테쿠스의 가슴과 복부에 아마존 은어의 피부를 이식하는 수술을 하며 호화로운 성인식을 거행한다. 성인식 이후 아즈란은 마을에서 멀리 벗어나지 않은 채 니갈라-테보족의 모든 축제에 신성한 존재로서 참여한다. 이 축제 기간 동안 아즈란에게는 환각 상태에 빠지게 하는 술이 제공되고, 이 술을 마신 아즈란은 미친 듯이 날갯짓하며 공중에 매달리고 마치 무언가에 빙의된 것처럼 노래한다. 개체의 크기에 비해 이상하게도 우울하고 쉰 목소리로 내는 이 노래는 일종의 주술 같은데, 원주민들은 이를 매우 경청하며 기도한다. 교미는 오두막 안에서 이루어지며 죽을 때도 태어난 오두막에서 죽는다.

카탈로그 번호: 772-LY61-9L

토템 축제에서
마법의 노래가 울려
퍼지는 순간

Cercopithecus Icarocornu Cat: 772-1489-92
Hauptstamm: Chordata   Stamm: Vertebrata   Klasse: Mammalia

Entdeckungsort: Im Amazonasurwald (Brasilien) mit Hilfe des bedeutenden Anthropologen Dr. Edson Nelinho entdeckt, der ihn während eines Studienaufenthaltes bei den Nygala-Tebo-Indianern sichtete. Ich fuhr nach Brasilien und lebte in Begleitung von Dr. Nelinho, der von den Indianern als Halbgott angesehen wird, und meinem Schüler Hans 12 Tage lang bei den Nygala-Tebo, um das seltsame Verhalten dieser außergewöhnlichen Tiere zu beobachten.

Beobachtungszeitraum: 28. Februar bis 11. März 1944.

Allgemeine Merkmale und Morphologie: Es handelt sich um einen langschwänzigen Affen mit großen Flügeln, die es ihm erlauben, sich mit Leichtigkeit in die Lüfte zu schwingen. Seine Morphologie ist augenscheinlich die eines Säugetiers und keinesfalls die eines Vogels. Die ständige Überwachung, der wir von seiten der Wilden ausgesetzt waren, erlaubte keinerlei nähere Untersuchung der Tiere. Nach meinen Beobachtungen ist er ein Allesfresser, der sich unterschiedslos von Insekten, Früchten oder kleinen Tieren ernährt, die er mit seinem langen starken Horn im Fluge fängt. Er wäre der 6. Unterordnung der Neuen Zoologie zuzuordnen.

Gewohnheiten: Der Cercopithecus Icarocornu ist das heilige Tier der Nygala-Tebo-Indianer, für die er die Reinkarnation von Ahzran (der, der vom Himmel kam) darstellt. Die weiblichen Tiere gebären im Innern einer großen Hütte im Dorfzentrum, die nur der Medizinmann betreten darf. Die Nachkommen bleiben solange in dieser Hütte, bis sie ihr gesamtes Flugvermögen entwickelt haben. Dieser Moment wird mit einem großen Fest gefeiert, in dessen Verlauf der Cercopithecus einer Operation unterzogen wird, bei der ihm die Haut des Amazonas-Silberfisches eingepflanzt wird, die die ganze Brust und den Rücken bedecken wird. Dann wird das Tier freigelassen, entfernt sich aber nie sehr weit von der Siedlung und beteiligt sich an allen heiligen Festen der Nygala-Tebo. Bei diesen Gelegenheiten wird ihm ein alkoholhaltiges Getränk geopfert, das er gerne trinkt, um dann in einen Vollrausch zu fallen, bei dem er mit den Flügeln so wild an zu schlagen beginnt, daß er sich in die Luft erhebt, mit starrem Körper und wie ein Besessener singend. Wegen seiner Größe singt er in tiefen Tönen und stößt dabei Laute aus, die eine Art Litanei ergeben, die die Eingeborenen, gleichsam als würden sie sie verstehen, aufmerksam verfolgen. Der Geschlechtsakt findet im Innern der Hütte statt, die auch von dem Cercopithecus aufgesucht wird, wenn er den nahen Tod spürt.

위: 날아오르는 자세
아래: 야간 비행 중인 세르코피테쿠스 이카로코르누

위: 뿔로 작은 동물을 사냥하는 모습
아래: 탐험대 지도

필루세르펜스 에닥스
Piluserpens Edax

서식지에 몸을 비비는 필루세르펜스

먹이는 찾는 모습

임프로비타스 부카페르타
Improbitas Buccaperta

문: 척삭동물문
아문: 척추동물아문
강: 포유파충류

위치 정보: 미국 애리조나주 소노라 사막에서 아메리카독도마뱀의 습성을 연구하던 애리조나 대학교 동물학과의 딕슨 박사가 우연히 발견해 내게 연락을 주었다. 나는 18일 동안 이 이상한 동물을 관찰한 후 포획했다. 공격성이 매우 강해 포획하기 어려웠고, 그 과정에서 개체가 상처를 입어 연구소에서 과다출혈로 죽었다.

포획 일자: 1938년 5월 5일

특징: 내골격, 다양한 부위로 호흡하며, 전형적인 척추동물의 신경계를 갖추고 있다. 성별이 구분된 난생식이며 혈액학적 분석에서 명확한 선천성 혈소판 병증이 관찰되었다. 포획한 표본인 성인 수컷의 크기는 길이 97cm, 체고 23cm이다.

형태: 지하 생활에 특히 적응한 동물로, 해 질 녘까지 하루 종일 모래 속에 파묻혀 지낸다. 피부 안쪽은 열을 축적하는 땀샘으로 덮여 있어 일교차가 심한 사막의 낮과 밤 기온차를 견딜 수 있다. 머리는 입을 다물지 못하도록 피부가 경화되어 있다.

습성: 소노라 사막의 시소니족 인디언은 임프로비타스를 악의 화신으로 간주하며 그들의 신 마니투와 대립하는 존재로 생각한다. 인디언들은 변경주선인장을 위대한 신 마니투의 남근이라 부르며 이를 대지 축복의 상징으로 여기는데, 이 선인장의 표피가 침식되는 원인이 임프로비타스에게 있다고 믿는다.
임프로비타스는 선인장의 과육을 먹이로 삼는 선인장굴뚝새를 사냥하는데, 그 방식이 매우 흥미롭다. 일단 선인장 위에 자리를 잡고 부동자세로 입을 크게 벌리면 혀에서 먹이를 유인하는 달콤한 냄새의 타액이 분비되면서 새가 유혹을 이기지 못하고 혀를 쪼아댄다. 임프로비타스는 그 순간을 이용해 혀로 날카로운 공격을 가해 먹이를 한입에 삼켜 버린다. 울음소리는 초승달이 뜨는 밤에만 들을 수 있으며 감기 걸린 앙고라 고양이의 숨소리를 연상케 한다.

카탈로그 번호: SKS4984651

먹이를 기다리는 임프로비타스

Improbitas Buccaperta

Cat: 0076291506NM-3

Hauptstamm: Chordata   Stamm: Vertebrata   Klasse: Mammareptilia

Entdeckungsort: In der Wüste von Sonora (Arizona, U.S.A.) entdeckt. Durch einen Zufall stieß Dr. Dixon von der zoologischen Abteilung der Universität Arizona auf ein Exemplar, als er gerade die Lebensgewohnheiten des Monster von Gila (Heloderma Suspectum) beobachtete. Zum Entdeckungsort gereist, konnte ich selbst die Entwicklung eines Exemplars dieser seltsamen Art während eines Zeitraums von 28 Tagen beobachten. Der Fang verlief wegen der Aggressivität des Tieres eher unglücklich, da es aufgrund der dabei erlittenen Verletzungen an Maul und Nase leider vorzeitig im Feldlabor verendete.

Datum des Fanges: 5. Mai 1958

Allgemeine Merkmale: Knöchernes Innenskelett. Polydiffuse Atmung. Nervensystem der Wirbeltiere, Fortpflanzung durch Eiablage, getrenntgeschlechtlich. Bei der Blutuntersuchung wurde eine eindeutige kongenitale Tronbocitopatie festgestellt. Das gefangene Exemplar war ein ausgewachsenes Männchen und maß 97 cm in der Länge und 23 cm in der Höhe.

Morphologie: Das Tier ist ausgesprochen gut für das Leben unter der Erde ausgestattet. Es bleibt bis zum Einbruch der Dunkelheit unter der Erdoberfläche. Das Innere seiner Schilder ist mit wärmespeichernden Drüsen versehen, die es ihm im Freien ermöglichen, die tiefen Nachttemperaturen der Wüste zu überstehen. Sein Kopf weist eine Versteifung der Deckhaut auf, die das Schließen des Maules verhindert. Es gehört zur 5. Unterordnung der N.Z.

Gewohnheiten: Die Indianer der Wüste von Sonora vom Volke der Shoshonen sehen im Improbitas Buccaperta die Verkörperung des Bösen, die Antithese Manitus. Deshalb machen sie ihn verantwortlich für die Zerstörungen an der Rinde des Saguaro (Carnegiea Gigantea), einer riesigen Wüstenkaktusart, die für die Indianer den Phallus des großen Manitu symbolisiert, und damit auch Symbol für die Fruchtbarkeit der Erde ist. Dieser Glaube kommt daher, daß sich der Improbitas auf den Kaktus setzt, um eines seiner liebsten Beutetiere zu jagen, nämlich den Campylorhynchus Bruneicapillum, oder auch Kaktusvogel genannt, der sich wiederum von dem Fleisch dieser Pflanze ernährt. Der Ablauf dieser Jagd ist wirklich erstaunlich, da der Improbitas völlig regungslos mit seinem geöffneten Maul auf dem Kaktus sitzt, bis der Vogel kommt. In diesem Moment beginnt seine Zunge, einen süßlichen, wohlriechenden Speichel abzusondern, der seine Beute unweigerlich anzieht. Schlußendlich kann der Vogel der Versuchung nicht widerstehen und begibt sich in das regungslose Maul des Tieres, um auf seiner Zunge zu picken. Diesen Moment benutzt der Improbitas um den Vogel mit einem kurzen trockenen Schlag seiner Zunge gegen den Gaumen zu schleudern und ihn dann zu verschlingen. Seine Stimme kann man nur während der Nacht vernehmen, und auch dann nur bei Neumond. Sie erinnert außerordentlich an die Atmung einer asthmatischen Angoakatze.

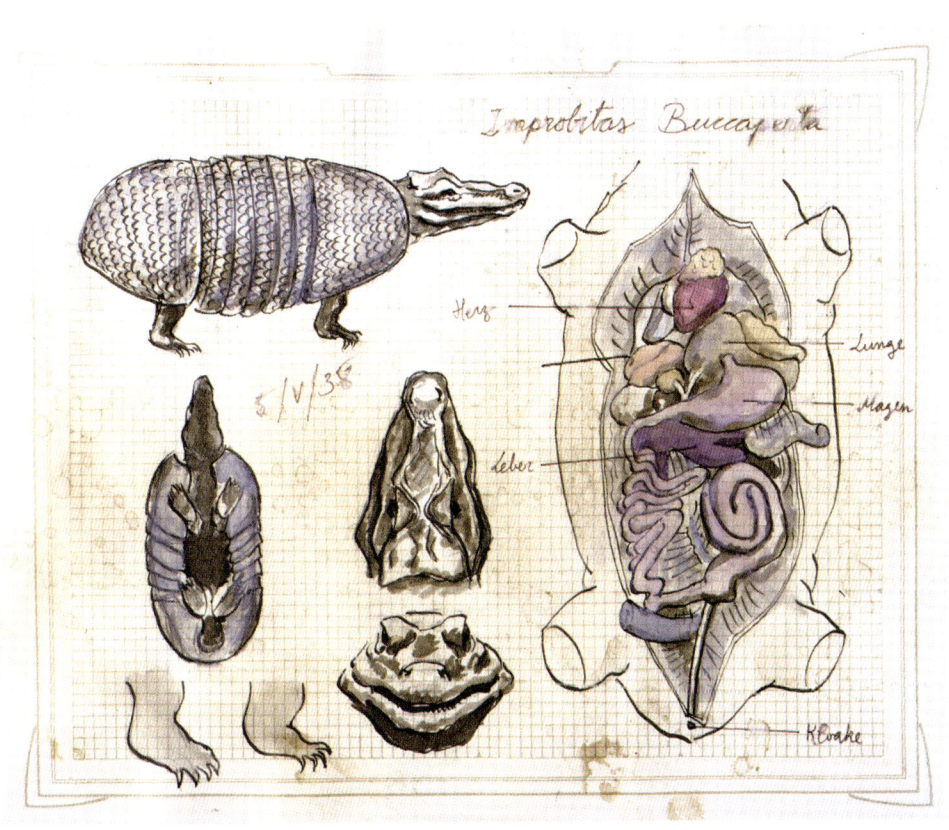

아마이젠하우펜 아카이브의 해부학 스케치

임프로비타스의 자연 서식지

선인장굴뚝새를 사냥하는 임프로비타스

오비스 아리에스
Ovis Aries

이탈리아 파비아의 요한 피터 프랭크 의학연구소에서 수행한 쌍두 양 실험

볼페르팅게르 바카분두스
Wolpertinger Bacchabundus

문: 척삭동물문
아문: 척추동물아문
강: 단공류

위치 정보: 나의 조수 한스 폰 쿠베르트가 독일의 슈바르츠발트에서 발견하고 촬영했다. 두 마리의 개체를 살펴본 그의 설명에 따르면 동물들이 마치 장님이나 귀머거리인 것처럼 사람의 소리에 놀라지 않았기 때문에 관찰이 매우 쉬웠다고 한다. 하지만 포획이 불가능하다고 했는데, 잡았다고 생각했을 때 항상 마법처럼 손가락 사이에서 사라졌다고 한다. 나는 그가 말한 발견 장소로 이동해 샅샅이 뒤져봤지만, 이 이상한 종의 표본을 찾는 데 실패했다.

관찰 일자: 1931년 9월 17일

관찰: 먼저, 나는 볼페르팅게르를 신동물학에 포함시킬지에 강한 의구심이 들었다. 사실 나는 이런 동물의 존재 자체를 믿지 않는다. 그래서 내 조수 한스가 한동안 지니고 있던 술 문제, 정확히는 그가 슈바르츠발트에서 치료받던 알코올중독으로 인해 강한 환각을 보았다고 생각했다. 하지만 한스가 오늘 아침에 현상한 사진을 보여줬을 때, 나는 더 이상 볼페르팅게르의 실체를 의심할 수 없었다. 환각은 사진으로 찍을 수 없기 때문이다.
나는 직접 관찰할 수 없는 경우, 조수의 설명에 의존하는데, 한스의 사진에 따르면 볼페르팅게르는 오리와 야생 설치류를 합친 것 같으며 다리가 생쥐와 비슷하다. 만일 한스가 발견한 둥지가 정말 그들의 것이라면, 다른 특징은 포유류와 일치하지만, 난생이므로 단공류에 포함시켜야 한다. 매우 장난기 많고 활동적인 그들은 둥지 밖 모래 위에서 공중제비를 돌고 서로의 복부를 간지럽히며 시간을 보내는데, 그 모습이 마치 매우 흥분한 것처럼 보이며 이들이 내는 울음소리는 거의 들리지 않는다고 한다. 추가 자료가 부족하지만, 볼페르팅게르는 신동물학 하위분류 17단계에 포함될 가능성이 있다. 물론 더 정확한 결론을 내기 위해서는 직접 관찰과 포획이 이루어져야 한다.

카탈로그 번호: 6510BK-32f

볼페르팅게르의 서식지

Wolpertinger Bacchabundus

Cat: 65103K-32f

Hauptstamm: Chordata **Stamm:** Vertebrata **Klasse:** Monotremata

Entdeckungsort: Von meinem Assistenten Hans von Kubert im Gebiet des Schwarzwaldes (Deutschland) entdeckt und photographiert. Nach Aussage von Hans konnte er zwei Exemplare vollkommen problemlos beobachten, da die Tiere es zuließen, sich ihnen in aller Ruhe zu nähern. Sie machten den Eindruck, blind und taub zu sein. Trotzdem war es nicht möglich, sie zu fangen, da sie, laut Hans, nicht zu "fassen" waren. Jedesmal, wenn er sie gefangen hatte, verschwanden sie plötzlich wieder aus seinen Händen. Als ich am Entdeckungsort eintraf, war es mir nicht vergönnt, ein Exemplar dieser seltsamen Art aufzuspüren.

Datum der Beobachtung: 17. September 1931

Beobachtungen: Im ersten Moment habe ich daran gezweifelt, die Wolpertinger in die Neue Zoologie aufzunehmen. In Wahrheit habe ich sogar an der Existenz dieser Tiere gezweifelt. Das Problem des Alkohols, welches meinem Mitarbeiter seit geraumer Zeit zu schaffen macht, war nun gerade der Grund seines Kuraufenthaltes im Schwarzwald, was mich zu dem Gedanken veranlaßte, daß es sich um Halluzinationen meines armen Freundes unter dem Einfluß eines besonders heftigen Delirium Tremens handelte. Als mir heute morgen Hans jedoch die Photographien gab, die er dort gemacht hatte, konnte ich beim besten Willen nicht mehr an der Existenz der Wolpertinger zweifeln. Halluzinationen lassen sich wohl nicht photographieren.

Mangels direkter Kontaktaufnahme stütze ich mich auf die Aussagen meines Assistenten: Die Wolpertinger sind allem Anschein nach eine Mischung aus Ente und Nagetier, mit Pfoten, die an die einer Maulwurfes erinnern. Wenn das Nest, das Hans sah, auch wirklich von ihnen stammte, und dafür sprechen alle Indizien, pflanzen sie sich durch Eiablage fort, sind aber allen anderen Eigenschaften nach der Gruppe der Säugetiere zuzuordnen. Aus diesem Grund könnten sie der Klasse der Monotremata zugeteilt werden. Es sind Allesfresser. Sie sind sehr verspielt und lebhaft und verbringen lange Zeiträume außerhalb des Baus, schlagen Purzelbäume im Sand und kitzeln einander in der Bauchgegend, was sie über alle Maßen erheitert. Sie geben jedoch keinen Laut von sich. Trotz dem Mangel an zusätzlicher Information könnte man die Tiere der 17. Unterordnung der Neuen Zoologie zuordnen. Ich hoffe natürlich weiterhin, einmal ein Exemplar mit eigenen Augen beobachten und eventuell fangen zu können, um zu genaueren Schlußfolgerungen zu gelangen.

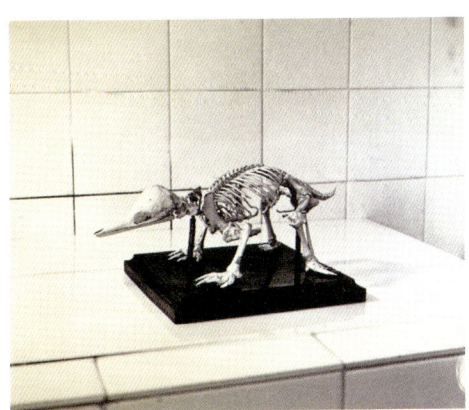

위: 굴 옆에서 놀고 있는 볼페르팅게르
아래: 볼페르팅게르의 골격

페날링크스 인페루스
Pennalynx Inferus

124 둥지를 지키고 있는 수컷 페날링크스

아마이젠하우펜 아카이브의 스케치

바실로사우루스 데 코크
Basilosaurus de Koch

문: 척삭동물문
아문: 척추동물아문
강: 파충류

위치 정보: 일본 홋카이도 동쪽과 사할린 쿠나시르섬 사이의 네무로 해협에서 그물을 정리하던 홋카이도 어부들이 발견했다. 오사카 대학교의 마스케 로쿠 교수가 긴급 공지를 보냈고 나는 지체없이 바로 홋카이도로 향했다. 내 친구 로쿠 교수가 알려준 이 바다 생물은 내가 지금까지 관찰한 어느 동물보다도 놀라운 존재였다. 며칠 후 나는 우연히 얕은 수심에서 헤엄치는 표본을 촬영하며 연구할 수 있는 기회를 얻었다.

관찰 기간: 1939년 4월 23일~5월 19일

특징: 이 표본이 에오세 시대의 바실로사우르스와 매우 닮아 처음에는 진짜 '살아있는 화석'을 발견했다고 믿었다. 하지만 내가 관찰한 개체의 형태적 차이로 볼 때, 진화한 형태의 돌연변이일 가능성이 높다. 바실로사우루스는 길이가 약 18m에 달하며 원통형의 유연한 몸을 구부려 빠른 속도로 움직인다. 내부 뼈 구조는 대형 뱀과 비슷하지만 37개의 척추뼈가 더 있다. 아가미와 피부로 호흡하며 잡식성이고 매우 공격적이다. 먹잇감을 물어뜯을 때 희귀한 독을 주입해 상대에게 엄청난 고통을 주고 격렬한 기침과 피가 섞인 객담을 발생시켜 빨리 죽게 만든다. 이 비범하고 분류할 수 없는 자연의 신비를 위해 신동물학의 29번째 새로운 아종을 개설한다.

카탈로그 번호: 8856-KJ-370

주위를 경계하는 바실로사우르스

Koch' Basiloraurus

Kat: 8856-K7-370

Hauptstamm: Chordata **Stamm:** Vertebrata **Klasse:** Reptilia

Entdeckungsort: Von Fischern auf der Insel Hokkaido entdeckt, beim Einholen ihrer Netze in der Meerenge von Nemuro-Kaikyo, etwa 15 Seemeilen von der Insel Iturup. Professor Meske Loku von der Universität Osaka sandte mir eine Eilbotschaft, woraufhin ich sofort nach Hokkaido reiste. Das Meereswesen, das mein Freund Loku bis dahin verborgen gehalten hatte, war das wunderbarste, was ich je gesehen hatte. Einige Tage später hatte ich die Gelegenheit, es zu studieren und sogar ein lebendiges Exemplar zu photographieren, das in ungewöhnlich geringer Tiefe schwamm. Schade, daß die Aufnahmen nicht sehr gelungen sind, da sie unter Wasser gemacht werden mußten.

Beobachtungszeitraum: vom 23. April bis zum 19. Mai 1939.

Beobachtungen: Die unglaubliche Ähnlichkeit dieser Art mit dem gemeinen Basiloraurus des Eozän, ließ mich einen Moment lang wirklich glauben, ein lebendiges Fossil entdeckt zu haben. Die morphologischen Unterschiede jedoch brachten mich eher zu der Überzeugung, eine Evolution oder einen Mutanten dieses großen Meeressauriers vor mir zu haben. Die beobachteten Exemplare des Koch' Basiloraurus erreichten eine Länge von etwa achtzehn Metern. Er bewegt sich durch die Wellenbewegungen seines zylindrischen, biegsamen Körpers mit großer Geschwindigkeit fort. Sein Knochengerüst ähnelt dem der großen Landschlangen, er hat jedoch 37 Wirbel mehr als diese. Die Atmung ist eine Mischung aus Kiemen und Hautatmung. Er ist ein Allesfresser und außergewöhnlich aggressiv. Mit seinem Biß spritzt er seinem Opfer ein unbekanntes Gift ein, das diesem unter Hustenanfällen und Blutauswürfen ein fürchterliches, aber relativ schnelles Ende bereitet. Wegen diesem außergewöhnlichen und schwer einzuordnendem Wunder der Natur muß ich in meine Neue Zoologie eine weitere Unterordnung aufnehmen. Sie wird die Nummer 29 bekommen.

아마이젠하우펜 아카이브의 해부학 스케치

페로소무스 프세우도스켈루스
Perosomus Pseudoscelus

문: 척삭동물문
아문: 척추동물아문
강: 포유류

위치 정보: 체스카 벨라 보헤미아 소나무 숲에서 발견했다. 조수인 한스와 함께 6헥타르 범위의 지역에서 5개의 가족 군집을 42일 동안 관찰할 수 있었다. 사진에 찍힌 개체는 성체 암컷이며, 포획 당시 심장 질환으로 사망했다.

포획 일자: 1940년 5월 3일

특징: 반골격 내장에 폐호흡을 하며 척추동물의 신경계를 갖추고 있다. 후각의 완전한 위축이 관찰된다. 난생이며 성별이 구분된다. 포획한 개체는 길이가 15cm이며 귀 끝부터 바닥까지의 길이는 10cm이다.

형태: 굴토끼와 거의 동일하지만, 곤충 식이에 적응한 변형된 소화기관을 가지고 있다. Aaru-1은 이 개체가 현재 생태 적응 이식 단계에 있다고 보며, 신속하고 완전한 적응을 기대하고 있다. 현재 신동물학 하위분류 2단계에 해당한다.

습성: 이동이 적은 동물로 좁은 지역 안에서 움직이며 나무토막 아래에 만든 굴과 가까운 곳에서 산다. 위험 징조가 나타나면 바로 피난처로 숨어버린다. 주로 큰 곤충을 먹이로 삼는다. 사냥하는 방법이 매우 흥미로운데, 먹잇감이 앞에 있으면 머리를 숙이고 귀를 땅에 붙여 도주로를 막는다. 강력한 이빨로 먹이를 물고, 혀를 덮고 있는 흡착기로 흡입하며 껍질은 앞다리를 이용해 뱉어낸다.
일부일처제이며 하루에 30번가량 교미한다. 이때 수컷은 이상하게도 멜로디가 약간 우울한 노래를 부른다. 가족 무리에서 나이 든 개체가 노화로 죽으면 남은 객체들이 포식을 실시한다. 이때 곤충을 먹는 방식과 똑같이 빨아들이는데, 섭취한 것을 다시 토해내 자신의 뒷다리로 파놓은 구덩이에 넣고 다시는 그곳으로 돌아가지 않는다.

분류: 98s245-XXH

연구실에서 해부된 페로소무스

Perosmus Pseudoscelus   Cat: 33+345-XXH
Art: Chordata   Unterart: Vertebrata   Klasse: Mammalia

Lokalisierung: In einem Pinienwald in Česká Běla, Böhmen (Tschechoslowakei) gefunden, im Laufe eines "organisierten Ausflugs", den ich mit meinem Gehilfe Hans von Kubert durchführte. Innerhalb von 42 Tagen konnten wir 5 Familien auf einer Fläche von 6 Hektar beobachten. Das fotografierte Exemplar ist ein erwachsenes Weibchen. Es starb an einer Kardiopathie im Augenblick des Fanges.
Datum des Fanges: 3. Mai 1940
Allgemeine Eigenschaften: Halbknöchernes Innenskelett. Lungenatmung. Nervensystem der Wirbeltiere. Man beobachtet eine totale Verkümmerung des Geruchssinnes. Fortpflanzung durch Eier, mit Geschlechtstrennung. Das gefangene Exemplar ist 15 cm lang und 10 cm gross von der Ohrenspitze bis zum Erdboden.
Morphologie: Dem Tricyodagus tumulus beinahe identisch, aber mit den gleichen Abweichungen, die auch bei den Kloakentieren auftauchen und einem Verdauungssystem, das prinzipiell für eine aus Insekten bestehende Nahrung vorbereitet ist. Haru 1 meint, dass es sich in der Übersiedlungsphase auf die Erde befindet, und hofft auf eine schnelle und totale Anpassung. In seinem jetzigen Zustand würde es der Unterordnung 2 der heutigen Neuen Zoologie gehören.

Gewohnheiten: Wenig bewegliches Tier; es bewegt sich innerhalb einer sehr kleinen Fläche, immer in der Nähe seiner Nester, das es im Inneren einer Pinie baut und in dem es sich beim leisesten Knirschen von Gefahr versteckt. Seine Nahrung besteht hauptsächlich aus großen Insekten, und es frisst mit Vorliebe Fangheuschrecken. Besonders interessant ist seine Art und Weise zu fangen. Wenn es sich seiner Beute gegenüber befindet, senkt es den Kopf mit einer knappen Bewegung, bis seine Ohren den Boden berühren, einer vor und einer hinter dem Insekt, sodass dieses keineswegs fliehen kann. Mit seinen kräftigen Zähnen spießt es das Insekt auf und saugt sein Inneres mit den Saugnäpfen, die seine Zunge bedecken. Die Hülle des Opfers lehnt es ab und spuckt sie mit Hilfe der Vorderpfoten aus. Es handelt sich um ein monogames Tier, das den Geschlechtsakt mit seinem Partner ca. dreissigmal am Tag durchführt, wobei das Männchen einen melodischen und sehnsuchtsvollen Gesang anstimmt. Es übt die Antropophagie gegenüber den alten Individuen der Familie, die sterben. Dafür wenden sie das gleiche Saugsystem wie bei den Insekten an; allerdings spucken sie danach alles wieder aus, was sie hinuntergeschluckt haben und setzen es in einem Loch bei, welches sie selber mit den Hinterpfoten machen. An diese Grabstätte kehren sie niemals zurück um zu fangen.

위: 공격 직전의 모습
아래: 포획된 포획한 페로소무스

아이로판트스
Aerophants

134 1941년 클로드 A. 브롬리가 찍은, 이륙중인 아이로판트스 암수 한 쌍. 의심스러운 사진으로 간주함.

FAUNA SECRETA

이 책은 파비아 대학교 자연사 박물관의 'Fauna' 전시회(2023년 10월 8일~2024년 1월 14일)를 계기로 출판된 책의 번역본입니다.

이 책의 동물들은 전부 허구로 스페인의 사진작가 호안 폰쿠베르타의 창작 예술 작업물입니다.
작가는 현실과 허구 사이의 경계를 흐리게 만들어 인간의 지각(知覺)에 도전하고,
과학적 맥락에서 문서의 권위를 의심하게 만든 일종의 개념 예술의 하나로 이를 만들었습니다.

작가 소개

호안 폰쿠베르타(Joan Fontcuberta, 1955~)

바르셀로나 출생의 사진가이자 개념 예술가. 바르셀로나 자치 대학(Autonomous University of Barcelona)에서 커뮤니케이션학 전공으로 석사학위 취득. 사진은 독학. Herbarium(1984)을 시작으로 Fauna(1987), Artist and the Photograph (1995), Sputnik(1997), Karelia: Miracles & Co.(2002), Googlegrams(2005), Trauma(2016) 등 독지적인 아트·프로젝트로 다양한 전시를 열었다. 그의 작품은 뉴욕 메트로폴리탄 미술관, 뉴욕 현대미술관, 퐁피두센터, 시카고 아트 인스티튜드, 로스앤젤레스 카운티 미술관, 바르셀로나 현대미술관, 휴스턴 미술관 등 많은 곳에서 소장품으로 수집되고 있다. 현재, 유럽과 미국 각지의 미술학교에서 강의를 하면서, 사진 잡지 〈Photovision〉의 편집자이자 프리랜서 비평가로도 활약 중이다. 페레 포르미게라와의 공동 프로젝트 "Fauna Secreta"에서는, 사진·도판 등 비주얼 파트를 담당했다.

페레 포르미게라(Pere Formiguera, 1952~2013)

바르셀로나 출생의 사진가이자 작가. 바르셀로나 자치 대학에서 미술사를 전공했다. 다양한 전시회의 큐레이터이자 호안 미로 재단과 카탈루냐 국립 미술 박물관의 위원을 지냈다. "Fauna Secreta"의 모든 문장 파트를 맡았다.

피터 아마이젠하우펜 아카이브
비밀의 동물 기록

초판 1쇄 인쇄　2024년 3월 26일
초판 1쇄 발행　2024년 4월 15일

지은이　　호안 폰쿠베르타 / 페레 포르미게라
펴낸이　　황윤정
펴낸곳　　이은북
출판등록　2015년 12월 14일 제2015-000363호
주소　　　서울 마포구 동교로12안길 16, 삼성빌딩B 4층
전화　　　02-338-1201
팩스　　　02-338-1401
이메일　　book@eeuncontents.com
홈페이지　www.eeuncontents.com
인스타그램　@eeunbook

책임편집　　하준현
기획 및 편집　임애현
디자인　　　이미경
제작영업　　황세정
마케팅　　　이은콘텐츠
인쇄　　　　스크린그래픽

ⓒ JOAN FONTCUBERTA, 2024
ISBN 979-11-91053-36-4 (03660)

- 이은북은 이은콘텐츠주식회사의 출판브랜드입니다.
- 이 책에 실린 글과 이미지의 무단 전재 및 복제를 금합니다.
- 이 책 내용의 전부 또는 일부를 재사용하려면 반드시 출판사의 동의를 받아야 합니다.
- 책 값은 뒤표지에 있습니다.
- 잘못된 책은 구입하신 서점에서 바꾸어 드립니다.